建筑电气工程施工常见质量问题及预防措施

主　编　李明海
副主编　鲁　娟

中国建材工业出版社

图书在版编目（CIP）数据

建筑电气工程施工常见质量问题及预防措施／李明海
主编 . —北京：中国建材工业出版社，2014.10
ISBN 978-7-5160-0923-9

Ⅰ . ①建… Ⅱ . ①李… Ⅲ . ①房屋建筑设备－电气设备
－建筑安装－质量控制 Ⅳ . ①TU85

中国版本图书馆 CIP 数据核字（2014）第 170087 号

建筑电气工程施工常见质量问题及预防措施
主编　李明海　副主编　鲁　娟
出版发行：中国建材工业出版社
地　　址：北京市海淀区三里路 1 号
邮　　编：100044
经　　销：全国各地新华书店
印　　刷：北京雁林吉兆印刷有限公司
开　　本：787mm×1092mm　1/16
印　　张：11.75
字　　数：290 千字
版　　次：2014 年 10 月第 1 版
印　　次：2014 年 10 月第 1 次
定　　价：**39.80 元**

前　言

　　建筑电气是建筑工程的一个重要组成部分，而建筑电气施工又是关系到电气系统及其他用电设备能否安全、稳定运行的关键方面。建筑电气施工周期比较长，从基础施工阶段的防雷接地、结构施工期间的预埋预留以及装修阶段的安装、调试、系统试运行，还包括系统试运行后的检测等。在整个建筑电气施工过程中，每一个环节都可能遇到各种各样的问题，如材料设备、安装、调试等问题，还会遇到产品制造标准、设计标准问题。如何处理和解决好这些问题，是电气技术人员需要深入思考和付出努力的。

　　本书根据作者二十几年电气设计、施工、监理的经验，根据现行施工技术标准及质量验收规范要求，以建筑电气工程为分析对象，汇集总结了各建设单位、施工单位和监理单位及有关专家近年来整治和处理建筑电气施工中一些常见和经典问题的经验和措施，列举了常见问题现象，分析了产生原因，介绍了工艺要求，提出了预防措施，给出了正面典型示例做法。所有示例做法均采用来自施工一线的现场实例照片，选材得当、内容翔实、图文并茂，生动地展示了文中描述的各种问题和防治效果，使得问题的防治更加形象化、标准化、具体化。由于本书涉及建筑电气施工的各个方面，加之作者水平有限，难免会挂一漏万，不足之处，还望电气专业各位同行批评指正。

　　本书具有针对性强、适用面宽、简明扼要、图文并茂的特点；对治理和防治建筑电气施工质量通病有一定的指导作用，对提高工程量水平有一定的借鉴作用。本书可供建筑电气行业的专业技术人员阅读和参考，也可作为大专院校相关专业的教材或参考书。

　　本书在编写过程中，很多老师、同事参与了相关章节的编写并提出了宝贵意见，在此表示衷心的感谢。

目　　录

3

中国建材工业出版社
China Building Materials Press

我们提供

图书出版、图书广告宣传、企业/个人定向出版、设计业务、企业内刊等外包、代选代购图书、团体用书、会议、培训，其他深度合作等优质高效服务。

编辑部	宣传推广	出版咨询	图书销售	设计业务
010-88386119	010-68361706	010-68343948	010-88386906	010-68343948

邮箱：jccbs-zbs@163.com　　网址：www.jccbs.com.cn

发展出版传媒　　服务经济建设

传播科技进步　　满足社会需求

第一章　电线导管、电缆导管敷设

1.1　室外进户管预埋不符合要求

1. 不符合现象

（1）采用薄壁铜管代替厚壁钢管。

（2）预埋深度不够，位置偏差较大。

（3）转弯处用电焊烧弯，上墙管与水平进户管网电焊驳接成 90°角。

（4）进户管与地下室外墙的防水处理不好。

2. 原因分析

（1）材料采购员采购时不熟悉国家规范、标准，有的施工单位故意混淆以降低成本；施工管理员不严格或者对承包者的故意违规行为不敢持反对意见，不坚决执行规范和标准；施工管理人员对材料进场的管理出现漏洞。

（2）与土建和其他专业队伍协调不够。

（3）没有弯管机或不会使用弯管机，责任心不强，贪图方便用电焊烧弯。

（4）预埋进户管的工人不懂防水技术，又不请防水专业人员帮忙。

3. 相关规范和标准要求

《建筑电气工程施工质量验收规范》（GB 50303—2002，2012 年版）的要求如下：

14.2.1　室外埋地敷设的电缆导管，埋深不应小于 0.7m。壁厚小于等于 2mm 的钢电线导管不应埋设于室外土壤内。

14.2.2　室外导管的管口应设置在盒、箱内。在落地式配电箱内的管口，箱底无封板的，管口应高出基础面 50~80mm。所有管口在穿入电线、电缆后应做密封处理。由箱式变电所或落地式配电箱引向建筑物的导管，建筑物一侧的导管管口应设在建筑物内。

14.2.5　室内进入落地式柜、台、箱、盘内的导管管口，应高出柜、台、箱、盘的基础面 50~80mm。

15.2.1　电线、电缆穿管前，应清除管内杂物和积水。管口应有保护措施，不进入接线盒（箱）的垂直管口穿入电线、电缆后，管口应密封。

4. 预防措施

（1）进户预埋管必须使用厚壁钢管或符合要求的 PVC 管电气专用管（一般壁厚 PVC ϕ100 为 4.5mm 以上，ϕ56 为 3mm）。

（2）加强与土建和其他相关专业的协调和配合，明确室外地坪标高，确保预埋管埋深不少于0.7m。

（3）加强对承包队伍领导和材料采购员有关法规的教育，施工管理人员要严格执行材料进场需检验这一规定，堵住漏洞。

（4）预埋钢管上墙的弯头必须用弯管机弯曲，不允许焊接和烧焊弯曲。钢管在弯制后，不应有裂缝和显著的凹痕现象，其弯扁程序不宜大于管子外径的10%，弯曲半径不应小于所穿入电缆的最小允许弯曲半径。

（5）做好防水处理，请防水专业人员现场指导或由防水专业队做防水处理。

（6）考虑到外力机械损伤，电缆的埋设深度要足够。一般要求不小于0.7m，农田中不小于1m，35kV及以上的也不小于1m。电缆上下要均匀敷设100mm细砂或软土，上侧应用水泥盖板活砖衔接覆盖，回填土时应该去掉大块砖石及杂物。

（7）敷设电缆留裕度，一是防止机械拉力损伤；二是为了便于满足因故重做中间接头和终端头的需要。需留裕度的场所有：垂直面引向水平面处、电缆保护管出入口处、建筑物伸缩缝处及长度较长的电缆线路，有条件时可沿路径做蛇形敷。

（8）电缆与其他管路的敷设距离不可过小。

5. 工程实例图片

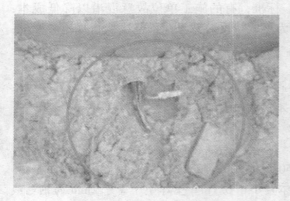

图1.1-1　错误做法：电力线路进户
处未设置检查井

图1.1-2　错误做法：电缆出入电缆沟未做
密封处理及临时保护

图1.1-3　错误做法：同一处电缆管路封堵不一致

图1.1-4　错误做法：电缆出地面处管口未做封口处理

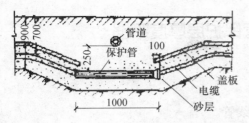

图 1.1-5　电缆与一般管道交叉示意图

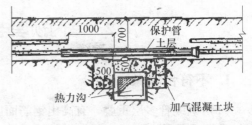

图 1.1-6　电缆与热力管道交叉示意图

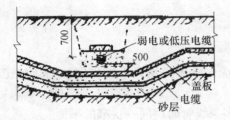

图 1.1-7　电缆与电缆交叉示意图

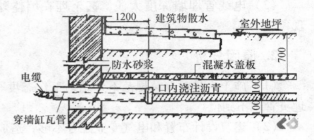

图 1.1-8　外网电缆引入室内的防护示意图

图 1.1-9　错误做法：弱电外管管口
未处理，易造成电线损伤

图 1.1-10　错误做法：室外电线
保护管管口未处理

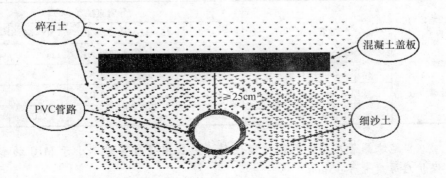

图 1.1-11　室外电线保护管直埋敷设时候的保护措施示意图

1.2 室内预埋电线管保护层厚度不够

1. 不符合现象

（1）电缆管多层重叠，有高出钢筋面筋的电线管。

（2）电线管 2 根或 2 根以上并排紧贴。

（3）电线管埋墙深度太浅，甚至埋在墙体外的粉层中。管子出现死弯、痛折、凹痕现象。

2. 原因分析

（1）施工人员对有关规范不熟悉，工作态度马虎，贪图方便，不按规定执行。施工管理员管理不到位。

（2）建筑设计布置和电气专业配合不够，造成多条线管通过同一狭窄的平面。

3. 相关规范和标准要求

《建筑电气工程施工质量验收规范》（GB 50303—2002，2012 年版）的要求如下：

14.2.6 暗配的导管，埋设深度与建筑物、构筑物表面的距离不应小于 15mm；明配的导管应排列整齐，固定点间距均匀。安装牢固；在终端、弯头中点或柜、台、箱、盘等边缘的距离 150～500mm 范围内设有管卡，中间直线段管卡间的最大距离应符合表 14.2.6 的规定。

说明：暗配管要有一定的埋设深度，太深不利于与盒箱连接，有时剔槽太深会影响墙体等建筑物的质量；太浅同样不利于盒箱连接，还会使建筑物表面有裂纹，在某些潮湿场所（如实验室等），钢导管的锈蚀会印显在墙面上，所以埋设深度恰当，既保护导管又不影响建筑物质量。

明配管要合理设置固定点，是为了穿线缆时不发生管子移位，脱落现象，也是为了使电气线路有足够的机械强度，受到冲击（如轻度地震）仍安全可靠地保持使用功能。

表 14.2.6 管卡间最大距离

敷设方式	导管种类	导管直径（mm）				
		15～20	25～32	32～40	50～65	65 以上
		管卡间最大距离（m）				
支架或沿墙明敷	壁厚＞2mm 刚性钢导管	1.5	2.0	2.5	2.5	3.5
	壁厚≤2mm 刚性钢导管	1.0	1.5	2.0	—	—
	刚性绝缘导管	1.0	1.5	1.5	2.0	2.0

14.1.4 当绝缘导管在砌体上剔槽埋设时，应采用强度等级不小于 M10 的水泥砂浆抹面保护，保护层厚度大于 15mm。

4. 预防措施

（1）加强对现场施工人员施工过程的质量控制，对工人进行针对性的培训工作；管理人员要熟悉有关规范，从严管理。

（2）电线管多层重叠一般出现在高层建筑的公共通道中。当塔楼的住宅每层有6套以上时，建议土建最好采用公共走廊天花吊顶的装饰方式，这样电气专业的大部分进户线可以通过在吊顶之上敷设的线槽直接进入住户。也可以采用加厚公共走道楼板的方式，使众多的电线管得以隐蔽。电气专业施工人员布管时应尽量减少同一点处线管的重叠层数。

（3）电线层不能并排紧贴，如施工中很难明显分开，可用小水泥块将其隔开。

（4）电线管埋入砖墙内，离其表面的距离不应小于15mm，管道敷设要"横平竖直"。

（5）电线管的弯曲半径（暗埋）不应小于管子外径的10倍，管子弯曲要用弯管机或棒使弯曲处平整光滑，不出现扁折、凹痕等现象。

（6）电线管进入配电箱要平整，露出长度为3~5mm，管口要用护套并锁紧箱壳。进入落地式配电箱的电线管，管口宜高出配电箱基础面50~80mm。

（7）预埋PVC电线管时，禁止用钳将管口夹扁、拗弯，应用符合管径的PVC塞头封盖管口，并用胶布绑扎牢固。

5. 工程实例图片

图1.2-1　错误做法：砖砌墙上的电气
配管之间未预留适当间距

图1.2-2　错误做法：电线管离靠模板
太近会造成保护层不足

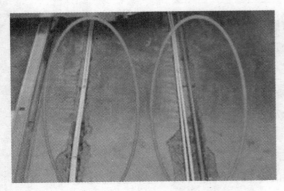

图1.2-3　错误做法：电气配管之管与管未
保持间距且墙壁开槽不规则

图1.2-4　楼板内预埋的暗敷设管路尽量
避免交叉，与钢筋绑扎牢固

图 1.2-5　暗敷设管路交叉时不要
　　　　　超过 2 路，避免多层交叉

图 1.2-6　绝缘导管在砌体上剔槽
　　　　　埋设时，应有固定措施

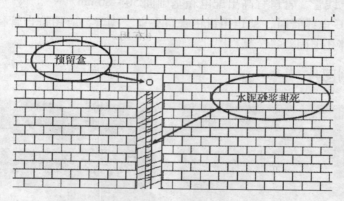

图 1.2-7　当预埋管路破坏砌筑墙体的时候则需对墙体填充水泥砂浆

1.3　暗配的金属导管管路未做防腐处理及接线盒未做防锈处理

1. 不符合现象

（1）明敷的非镀锌钢导管内外壁均未做防腐处理；
（2）混凝土内暗埋金属接线盒未做防锈处理；
（3）镀锌钢导管采用套管熔焊连接；
（4）埋设于混凝土内的导管内壁未做防腐处理；
（5）镀锌钢导管与接线盒、插座盒、开关盒连接部位未采用跨接线。

2. 原因分析

（1）施工人员贪图方便，不按规定对明敷的非镀锌钢导管内外壁做防腐处理；
（2）金属接线盒多为冷镀锌，混凝土内暗埋未按规定做防锈处理；
（3）施工人员无视操作规程，对镀锌钢导管未采用螺纹连接；

（4）急于赶工或偷工减料对于混凝土内暗埋管的内壁未按规定做防腐处理；

（5）忽视了镀锌钢导管与接线盒、插座盒、开关盒连接部位的跨接线处理。

3. 相关规范和标准要求

《建筑电气工程施工质量验收规范》（GB 50303—2002，2012 年版）的要求如下：

14.1.1 金属的导管和线槽必须接地（PE）或接零（PEN）可靠，并符合下列规定：

1 镀锌的钢导管、可挠性导管和金属线槽不得熔焊跨接接地线，以专用接地卡跨接的两卡间连线为铜芯软导线，截面积不小于 $4mm^2$；

2 当非镀锌钢导管采用螺纹连接时，连接处的两端焊跨接接地线；当镀锌钢导管采用螺纹连接时，连接处的两端用专用接地卡固定跨接接地线。

14.1.2 金属导管严禁对口熔焊连接；镀锌和壁厚小于 2mm 的钢导管不得套管熔焊连接。

14.1.3 防爆导管不应采用倒扣连接；当连接有困难时，应采用防爆活接头，其接合面应严密。

14.2.4 金属导管内外壁应防腐处理；埋设于混凝土内的导管内壁应防腐处理，外壁可不防腐处理。

4. 预防措施

（1）加强对现场施工人员施工过程的质量控制，对工人进行针对性的培训工作，除埋入混凝土中的非镀锌钢导管外壁不做防腐处理外，其他场所的非镀锌钢导管内外壁均做防腐处理；

（2）镀锌钢管暗配时，镀锌和壁厚小于等于 2mm 的钢导管不得套管熔焊连接；

（3）当设计无要求时，埋设在墙内或混凝土内的绝缘导管，采用中型以上的导管；

（4）镀锌钢导管螺纹连接处或导管与接线盒、插座盒、开关盒连接部位采用专用接地卡固定跨接线，其跨接铜芯软导线截面积不小于 $4mm^2$。

5. 工程实例图片

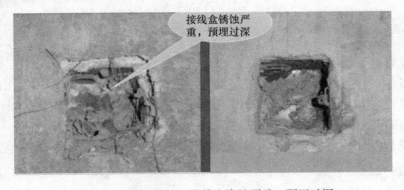

图 1.3-1 错误做法：接线盒腐蚀严重，预埋过深

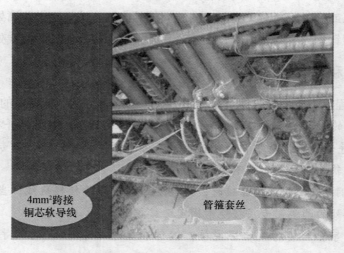

图 1.3-2　暗敷镀锌钢导管连接采用螺纹连接，连接部位采用铜芯软导线跨接

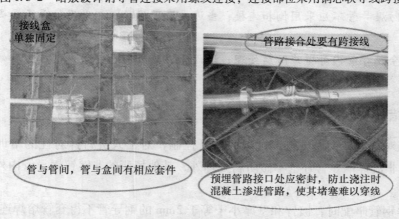

图 1.3-3　暗敷管路与管路的连接和管路与盒的连接

1.4　电线管穿梁敷设时过分集中，电管出口参差不齐，管口未封堵措施

1.　不符合现象

（1）电线管暗配时，电线管集中在梁的局部，影响梁的有效断面；

（2）KBG 钢管、紧定钢管、螺纹连接钢管、PVC 管等进箱、盒未采用专用锁紧接头；

（3）电线管进入配电箱，管口在箱内不顺填，露出太长，管口未保护圈；

（4）预留的电线管管口不平整、长短不一；

（5）预埋 PVC 电线管时未采用专用塞头堵塞管口，而是用钳夹扁拗弯管口。

2.　原因分析

（1）同路径暗配电线管较多时没按要求分开设置，导致电线管穿梁时局部集中；

（2）材料配件不足，管进箱、盒处未采用专用锁紧接头处理；

（3）施工人员无视操作规程，室内进入落地式柜、台、箱、盘内的导管管口处理仓促、草率；

（4）前期计划不足，下管前未作现场测量，导致预留的电线管长短不一；

（5）预埋的电线管管口保护措施不足。

3. 相关规范和标准要求

《建筑电气工程施工质量验收规范》（GB 50303—2002，2012 年版）的要求如下：

15.2.1 电线、电缆穿管前，应清除管内杂物和积水。管口应有保护措施，不进入接线盒（箱）的垂直管口穿入电线、电缆后，管口应密封。

14.2.9 绝缘导管敷设应符合下列规定：

1 管口平整光滑；管与盒（箱）等器件采用插入法连接时，连接处结合面涂专用胶合剂，接口牢固密封。

14.2.11 导管和线槽，在建筑物变形缝处，应设补偿装置。

14.2.5 室内进入落地式柜、台、箱、盘内的导管管口，应高出柜、台、箱、盘的基础面 50 ~ 80mm。

4. 预防措施

（1）同路径暗配电线管较多时按要求分开设置，保持一定间距；

（2）KBG 钢管、紧定钢管、螺纹连接钢管、PVC 管等进箱、盒应用专用锁紧接头；

（3）室内进入落地式柜、台、箱、盘内的导管管口，应高出柜、台、箱、盘的基础面 50 ~ 80mm；

（4）敷设管道前，做好现场测量，避免预留的电线管长短不一，造成浪费；

（5）预埋的电线管管口应平整光滑，管应有保护措施，进入箱、盒的应采用锁紧接头紧锁固定。

5. 工程实例图片

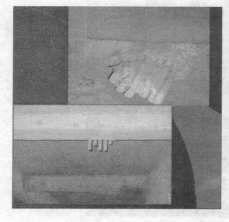

图 1.4-1 错误做法：电线管集中在梁的局部，影响梁的有效断面

图 1.4-2 在混凝土浇筑前，电气预埋管应管口密封，管身绑扎钢筋网上

图 1.4-3　多根电线管墙面暗敷时管
　　　　间留有间距并固定牢固

图 1.4-4　较大管径穿越梁体时，应在混凝土
　　　　浇筑前预埋管套管

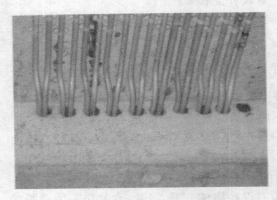

图 1.4-5　明敷电线管穿越梁体预埋
　　　　套管时应排列整齐，弯曲一致

图 1.4-6　混凝土墙体浇筑前对预埋管
　　　　进行排列调整及固定、封堵

电管出口参差不齐，预
埋时不安装接线盒，管
口未做防堵措施。

箱底被氧割掉，箱内垃圾
未清理，电管出口未用锁
母接头固定且高出箱内壁
3~5mm

图 1.4-7　错误做法：电线管暗配管口参差不齐、无保护措施，未采用锁紧接头紧锁固定

图 1.4-8　电线管暗配进箱、盒采用了专用锁紧接头

图 1.4-9　错误做法：预留电管管口未封堵保护

图 1.4-10　错误做法：出墙线管长短不一，管口无保护

图 1.4-11　外观检查：螺纹管接头、直管接头、弯管接头外形完好、丝扣清晰

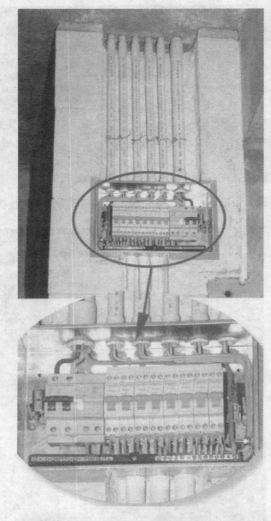

图 1.4-12　PVC 管等进箱、盒采用专用了锁紧接头和管口采用了保护圈

图 1.4-13　外观检查：钢管壁厚均匀、焊缝均匀、无劈裂、毛刺砂眼

1.5 吊顶内电线管敷设不符合要求

1. 不符合现象

（1）电线管在吊顶内敷设时直接固定在吊顶龙骨上，未采用专用吊杆；

（2）吊顶内管路敷设杂乱；

（3）电管固定点间距不均匀，固定不可靠；

（4）在电管终端、弯头中点没有设置固定管卡。

2. 原因分析

（1）施工贪图方便或准备工作不足，导致专用吊杆设置漏项；

（2）吊顶内管路敷设未按图施工，抄近道；

（3）施工人员无视操作规程，未按规范要求区别管径设置管卡；

（4）忽视规范要求，对电管终端、弯头等处的固定作用重视不够。

3. 相关规范和标准要求

《建筑电气工程施工质量验收规范》（GB 50303—2002，2012 年版）的要求如下：

14.2.6　暗配的导管，埋设深度与建筑物、构筑物表面的距离不应小于 15mm；明配的导管应排列整齐，固定点间距均匀，安装牢固；在终端、弯头中点或柜、台、箱、盘等边缘的距离 150～500mm 范围内设有管卡，中间直线段管卡间的最大距离应符合表 14.2.6 的规定。

表 14.2.6

敷设方式	导管种类	导管直径（mm）				
		15～20	25～32	32～40	50～65	65 以上
		管卡间最大距离（m）				
支架或沿墙明敷	壁厚＞2mm 刚性钢导管	1.5	2.0	2.5	2.5	3.5
	壁厚≤2mm 刚性钢导管	1.0	1.5	2.0	—	—
	刚性绝缘导管	1.0	1.5	1.5	2.0	2.0

4. 预防措施

（1）电线管在吊顶内敷设时应设置专用吊杆，不能直接固定在吊顶龙骨上；

（2）电管吊顶内敷设时应排列整齐，固定点间距均匀，固定牢固，连接可靠；

（3）电管明敷设时，在终端、弯头中点或柜、台、箱、盘等边缘的距离 150～500mm 范围内应设有管卡，中间直线段管卡间的最大距离应符合 GB 50303—2002 表 14.2.6 的规定；

（4）在电管终端、弯头中点没有设置固定管卡。

5. 工程实例图片

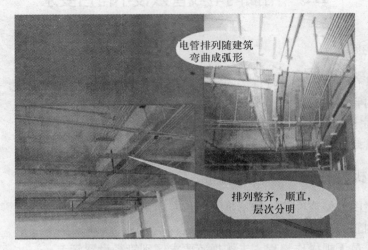

图 1.5-1　电管排列整齐，固定点间距均匀，固定牢固，连接可靠

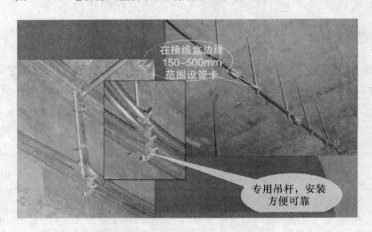

图 1.5-2　电管固定在专用吊杆上，固定管卡布置合理

图 1.5-3　错误做法：吊顶内管路敷设杂乱

图 1.5-4　错误做法：配电管敷设在龙骨外，导致后期无法封板

1.6 明敷设的电管不符合要求

1. 不符合现象

（1）电管转弯敷设时弯扁程度大于管外径的10%，软管随意敷设；

（2）明敷电管排列不整齐，做法基本不一致，表面不整洁；

（3）明敷电管支架设置不平直，固定不牢固；

（4）跨接线不齐全，接地不可靠；

（5）电管转弯处未设置转线盒，导致日后穿线困难；

（6）电管配管固定使用铜线绑扎未使用专用固定夹具。

2. 原因分析

（1）电线管弯头制作未采用专业工具；

（2）明敷电管未做好线路规划，导致做法混乱；

（3）明敷电管支架设置未专门放线定位，随意设置导致不整齐划一；

（4）对跨接线重视不够，增加了接地隐患；

（5）材料计划不足或贪图方便省略了转线盒，导致日后穿线困难；

（6）未采购专用电管固定夹具。

3. 相关规范和标准要求

《建筑电气工程施工质量验收规范》（GB 50303—2002，2012 年版）的要求如下：

14.2.3 电缆导管的弯曲半径不应小于电缆最小允许弯曲半径，应符合本规范表 12.2.1-1 的规定。

表 12.2.1-1 电缆最小允许弯曲半径

序号	电缆种类	最小允许弯曲半径
1	无铅包钢铠护套的橡皮绝缘电力电缆	$10D$
2	有钢铠护套的橡皮绝缘电力电缆	$20D$
3	聚氯乙烯绝缘电力电缆	$10D$
4	交联聚氯乙烯绝缘电力电缆	$15D$
5	多芯控制电缆	$10D$

注：D 为电缆外径。

14.2.6 暗配的导管，埋设深度与建筑物、构筑物表面的距离不应小于15mm；明配的导管应排列整齐，固定点间距均匀。安装牢固；在终端、弯头中点或柜、台、箱、盘等边缘的距离 150~500mm 范围内设有管卡，中间直线段管卡间的最大距离应符合表 14.2.6 的规定。

《民用建筑电气设计规范》（JGJ 16—2008）的要求如下：

8.3.7 当金属导管布线的管路较长或转弯较多时，宜加装拉线盒（箱），也可加大管径。

4. 预防措施

（1）电线管弯头制作必须采用专业工具，确保弯头弧度一致；

（2）明敷电管做好线路规划，确保电管排列整齐，做法基本一致，表面整洁，油漆完整；

（3）明敷电管支架设置专门放线定位，确保支架平直设置合理，固定牢固；

（4）专用软管接头连接处跨接线齐全，接地可靠；

（5）当金属导管布线的管路较长或转弯较多时，宜加装拉线盒（箱），也可加大管径；

（6）严格按照规范设置专用电管固定夹具；

（7）电气管路在明敷设时应尽量隐藏在构筑物上，如在钢梁，钢柱的内侧。

5. 工程实例图片

弯扁程度大于管外径10%，软管敷设随意

吊杆弯曲

图 1.6-1 错误做法：电线管弯头处弯扁程度大于管外径的 10%

图 1.6-2 明敷电管排列整齐、固定牢固、做法基本一致

图 1.6-3 错误做法：PVC 电管未使用专用固定夹具而使用铁丝绑扎

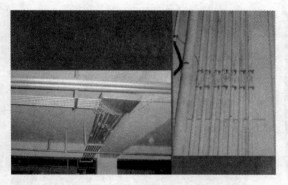

图1.6-4 电管敷设转线盒处理：转线盒用盖板封堵，专用软管接头连接，跨接线齐全

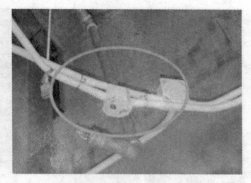

图1.6-5 错误做法：PVC电管固定使用铜线绑扎未使用专用固定夹具

图1.6-6 采用专业工具制作电线管弯头

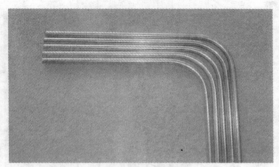

图1.6-7 电线管弯头制作采用专业工具，电管弯曲顺畅，弧度一致

图1.6-8 明敷电管排列整齐，表面整洁，颜色一致

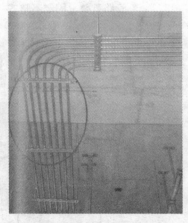

图1.6-9 明敷电管支架固定牢固、直线度整齐，水平度一致

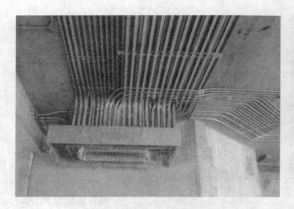

图 1.6-10 电管配管的固定使用专用固定夹具

图 1.6-11 电管弯曲顺畅，弧度一致，在终端、弯头处增加固定支架

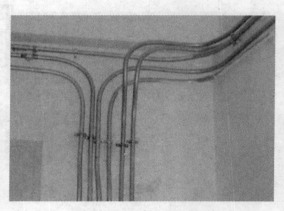

图 1.6-12 错误做法：明敷电管排布不齐、管路重叠、固定不整齐

图 1.6-13 错误做法：转线盒未用盖板封堵，管卡设置不合理

图 1.6-14 错误做法：电管转弯敷设处未设置转线盒，导线外露

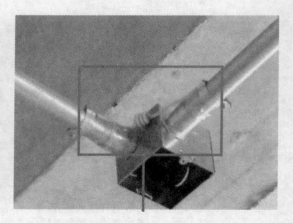

图 1.6-15 电管转弯敷设处常用连接法：加设跨接线

图 1.6-16　JDG 电管转弯敷设处连接法：无需加设跨接线

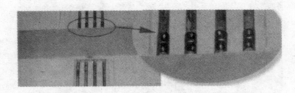

图 1.6-17　明敷电管穿梁，排列整齐

1.7　电管半明半暗敷设时未做过渡盒或出线未做软管保护

1. 不符合现象

（1）电管半明半暗敷设时，未设过渡盒或导线未加保护管引出；
（2）电管半明半暗敷设时，与电气设备、器具连接未加软管保护引出；
（3）电管半明半暗敷设连接处未采用专用接头；
（4）跨接线不齐全，接地不可靠。

2. 原因分析

（1）电管半明半暗敷设时，对于明暗过渡盒处理过于草率；
（2）施工贪图省事，与电气设备、器具连接的明敷电管未转换成软管；
（3）对密封性保护措施所采用的材料准备不足，缺失电管半明半暗敷设连接专用接头；
（4）对跨接线重视不够，增加了接地隐患。

3. 相关规范和标准要求

《建筑电气工程施工质量验收规范》（GB 50303—2002，2012 年版）的要求如下：

14.2.10　金属、非金属柔性导管敷设应符合下列规定：

1　刚性导管经柔性导管与电气设备、器具连接，柔性导管的长度在动力工程中不大于 0.8m，在照明工程中不大于 1.2m。

19

2　可挠金属管或其他柔性导管与刚性导管或电气设置、器具间的连接采用专用接头；复合型可挠金属管或其他柔性导管的连接处密封良好，防液覆盖层完整无损。

4. 预防措施

（1）电管半明半暗敷设时，对于明暗过渡必须设置接线盒，导线必须加保护管引出；

（2）施工贪图省事，与电气设备、器具连接的明敷电管必须采用柔性导管，并严格按照 GB 50303—2002 的要求控制柔性导管的长度；

（3）电管半明半暗敷设连接时管口必须采用相应的柔性接口附件并采用密封性保护措施；

（4）重视柔性导管跨接线，增加了接地可靠性。

5. 工程实例图片

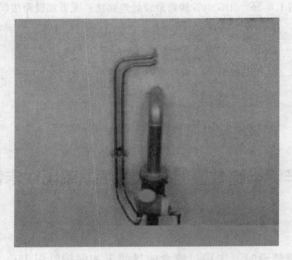

图 1.7-1　错误做法：电管半明半暗敷设时未设接线盒

图 1.7-2　室外风机电源配管做成伞柄状，柔性导管下弯成滴水弧度，管口采用柔性接口附件

图 1.7-3　引至设备的明配管线段采用柔性导管，明暗过渡管口采用采用专用接口附件

20

金属管

套管

固定支撑架

图 1.7-4　导管穿越二次装修墙面：均加设套管，并进行管道支撑加强

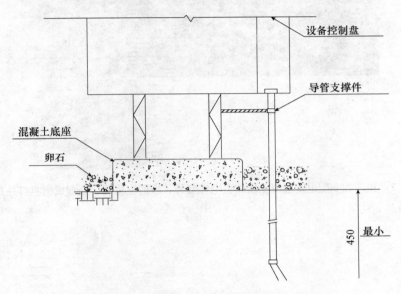

设备控制盘

导管支撑件

混凝土底座

卵石

450　最小

图 1.7-5　引至设备的垂直导管做法示意图

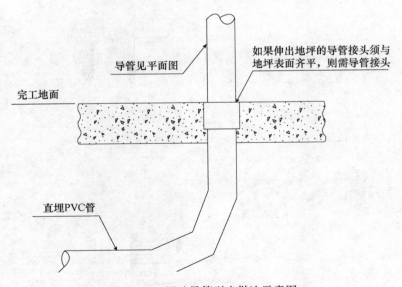

导管见平面图

如果伸出地坪的导管接头须与
地坪表面齐平，则需导管接头

完工地面

直埋PVC管

图 1.7-6　埋地导管引出做法示意图

图1.7-7 预埋在变配电室混凝土墙体上电缆套管，事前应将端口处理成喇叭口并封堵好

第二章 电线、电缆敷设

2.1 导线的接线、连接质量和色标不符合要求

1. 不符合现象

（1）多股导线不采用铜接头，直接做成"羊眼圈"状，但又不扩锡。

（2）与开关、插座、配电箱的接线端于连接时，一个端子上接几根导线。

（3）线头裸露、导线排列不整齐，没有捆绑包扎。

（4）导线的三相、零线（N线）、接地保护线（PE线）色标不一致，或者混淆。

2. 原因分析

（1）施工人员未熟练掌握导线的接线工艺和技术。

（2）材料采购员没有按照要求备足施工所需的各种导线颜色及数量，或者施工管理人员为了节省材料而混用。

3. 相关规范和标准要求

《建筑电气工程施工质量验收规范》（GB 50303—2002，2012年版）的要求如下：

15.2.2 当采用多相供电时，同一建筑物、构筑物的电线绝缘层颜色选择应一致，即保护地线（PE线）应是黄绿相间色，零线用淡蓝色；相线用；A相-黄色、B相-绿色、C相-红色。

18.1.4 电线、电缆接线必须准确，并联运行电线或电缆的型号、规格、长度、相位应一致。

18.2.1 芯线与电器设备的连接应符合下列规定：

1 截面积在10mm^{2}及以下的单股铜芯线和单股铝芯线直接与设备、器具的端子连接；

2 截面积在2.5mm^{2}及以下的多股铜芯线拧紧搪锡或接续端子后与设备、器具的端子连接；

3 截面积大于2.5mm^{2}的多股铜芯线，除设备自带插接式端子外，接续端子后与设备或器具的端子连接；多股铜芯线与插接式端子连接前，端部拧紧搪锡；

4 多股铝芯线接续端子后与设备、器具的端子连接；

5 每个设备和器具的端子接线不多于2根电线。

18.2.3 电线、电缆的回路标记应清晰，编号准确。

《民用建筑电气设计规范》（JGJ 16—2008）的要求如下：

8.5.4 电线或电缆在金属线槽内不应有接头。当在线槽内有分支时，其分支接头应设

在便于安装、检查的部位。电线、电缆和分支接头的总截面（包括外护层）不应超过该点线槽内截面的75%。

4. 预防措施

（1）加强施工人员对规范的学习和技能的培训工作。

（2）多股导线的连接，应用镀锌铜接头压接，尽量不要做"羊眼圈"状，如做，则应均匀搪锡。

（3）在接线柱和接线端子上的导线连接只宜1根，如需接两根，中间需加平垫片；不允许3根以上的连接。

（4）导线编排要横平竖直，剥线头时应保持各线头长度一致，导线插入接线端子后不应有导体裸露；铜接头与导线连接处要用与导线相同颜色的绝缘胶布包扎。

（5）材料采购人员一定要按现场需要配足各种颜色的导线。

（6）施工人员应清楚分清相线、零线（N线）、接地保护线（PE线）的作用与色标的区分，即A相-黄色，B相-绿色，C相-红色；单相时一般宜用红色；零线（N线）应用浅蓝色或蓝色；接地保护线（PE线）必须用黄绿双色导线。

5. 工程实例图片

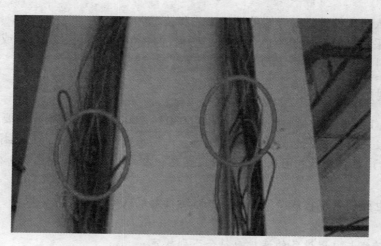

图2.1-1　错误做法：电缆电线不得作中间连接

2.2　配电箱出线不规范

1. 不符合现象

（1）箱内低压电缆未加固定。

（2）配电回路未挂标志牌或标志内容不全、字迹不清晰。

（3）箱内线头裸露，布线不整齐，导线余量不足或过多。

（4）同一端子上的接线多于两根。

（5）螺栓两侧压紧的导线截面不一致。

（6）接线端子没有防松脱措施。

2. 原因分析

（1）施工人员责任心不强，箱内低压电缆固定点数量不足，固定材料选用不当。

（2）没有按照设计要求对所有配电回路进行标识。

（3）安装前没有对箱内线路进行整体布局和规划。

（4）设备进场和安装前未认真进行检查验收。

（5）施工时贪图方便，经截面不同的导线接入统一端子内。

（6）接线端子未配备放松垫圈或重复拆装端子接线次数过多致螺纹打滑。

3. 相关规范和标准要求

《建筑电气工程施工质量验收规范》（GB 50303—2002，2012 年版）的要求如下：

6.1.9 照明配电箱（盘）安装应符合下列规定：

1 箱（盘）内配线整齐，无绞接现象。导线连接紧密，不伤芯线，不断股。垫圈下螺丝两侧压的导线截面积相同，同一端子上端子上导线连接不多于 2 根，防松垫圈等零件齐全。

2 箱（盘）内开关动作灵活可靠，带有漏电保护的回路，漏电保护装置动作电流不大于 30mA，动作时间不大于 0.1s。

3 照明箱（盘）内，分别设置零线（N）和保护地线（PE 线）汇流排，零线和保护地线经汇流排配出。

说明：每个接线端子上的电线连接不超过 2 根，是为了连接紧密，不因通电后由于冷热交替等时间因素而过早在检修期内发生松动，同时考虑到方便检修，不使因检修而扩大停电范围。同一垫圈下的螺丝两侧压的电线截面积和线径均应一致，实际上这是一个结构是否合理的问题，如不一致，螺丝既受拉力，又受弯距，使电线芯线必然一根压紧、另一根稍差，对导电不利。

《电气装置安装工程盘、柜及二次回路结线施工及验收规范》（GB 50171—92）的要求如下：

4.0.4 照明配电箱（盘）安装应符合下列规定：

1 引入盘柜的电缆应排列整齐，编号清晰，避免交叉，并应固定牢固，不得使所接的端子排受到机械应力。

4. 预防措施

（1）加强施工人员责任心教育，箱内布线时对每个回路都必须做好加固，固定点充分，固定材料与电缆电线线径匹配。

（2）回路标志牌注明线路编号，无编号时注明线径、规格和起始地点。标志牌字迹应清晰且不易脱落。

（3）安装对箱内线路进行整体布局和规划，导线留足余量以备日后检修。

（4）照明配电箱订货时，应按照图纸要求明确提出设置 N 线、PE 线汇流排的技术要求，包括汇流排的截面、接线座数量、开孔规格数量及所配螺栓、螺钉规格等。

（5）设备进场和安装前应派专人进行检查验收，不合设计及订货要求的不得进场安装。

（6）统一垫圈下的螺栓两侧所压的导线截面应该相同。

（7）接线端子采用螺栓连接时，端子的平垫圈、弹簧垫圈应齐全，并拧紧螺母；对于螺纹打滑的螺母应及时更换。

5. 工程实例图片

图 2.2-1　配电回路悬挂标志牌或标志
内容全面、字迹清晰

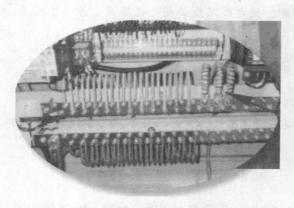

图 2.2-2　照明配电箱内有 N 线、PE 线汇
流排，接线端子有防松脱措施

图 2.2-3　错误做法：螺栓两侧压紧的导线截面
不一致，同一端子上的接线多于两根

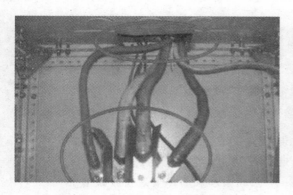 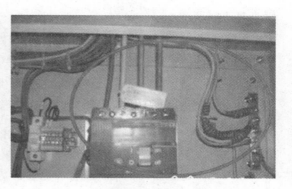

图 2.2-4　错误做法：电缆进出箱体　　　图 2.2-5　配电系统电缆端头的电缆外护
无护口措施且无电缆标牌　　　　　　　　　　套及芯线均套有端头护套

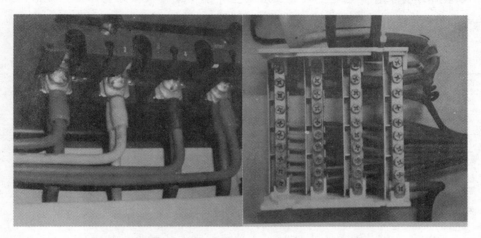

图 2.2-6　同一端子上的接线为两根，并留有备用端子

2.3　室内外电缆沟构筑物和电缆管敷设安装不符合要求

1. 不符合现象

（1）电缆沟和混凝土支架安装不平直，易折断。

（2）电缆沟、电缆管排水不畅。

（3）电缆过路管埋设深度不够，喇叭口破裂、不规则。

（4）钢管防锈防腐漆处理不均匀，密封性不够，特别是管内的防锈、防腐未做。

（5）接地极在电缆沟中不平直、松脱，与过路管的连接不全面、部分管漏焊。

2. 原因分析

（1）土建施工单位施工时不认真；混凝土支架预制件老化或没有钢筋作骨，以致承受力不够。

（2）电缆沟底没有一定的坡度，也没有按规范做集水坑；现场客观条件不满足排水

27

要求。

（3）安装的施工人员责任心不强，有其他专业的管道或井影响电缆管的敷设。

（4）没有按要求进行逐条排管焊接地极，待全部管埋完再焊接时条件已不允许逐一焊接，只好在喇叭口处焊接凑数。

3. 相关规范和标准要求

《建筑电气工程施工质量验收规范》（GB 50303—2002，2012 年版）的要求如下：

13.1.1 金属电缆支架、电缆导管必须接地（PE）或接零（PEN）可靠。

13.1.2 电缆敷设严禁有绞拧、铠装压扁、护层断裂和表面严重划伤等缺陷。

13.2.1 电缆支架安装应符合下列规定：

1 当设计无要求时，电缆支架最上层至竖井顶部或楼板饿距离不小于 150～200mm 电缆支架最下层至沟底或地面的距离不小于 50～100mm；

2 当设计无要求时，电缆支架层间最小允许距离符合表 13.2.1 的规定；

表 13.2.1　电缆支架层间最小允许距离　　　　　　　　　　　　（mm）

电缆种类	支架层间最小距离
控制电缆	120
10kV 及以下电力电缆	150～200

3 支架与预埋件焊接固定时，焊缝饱满；用膨胀螺栓沟底时，选用螺栓适配，连接紧固，防松零件齐全。

4. 预防措施

（1）土建单位在安装混凝土支架时，应拉线找平、找垂直；其中最上层支架至沟顶距离为 150～200mm，最下层支架至沟底距离为 50～100mm。应到合格的生产厂家购买合格的混凝土支架，保证有足够的承托力；钢制支架要做好防锈防腐保证。

（2）根据 GB 50054—95《低压配电设计规范》的有关规定，电缆沟底部排水沟坡度不应小于 0.5%，并设集水坑，积水直接排入下水道；集水坑的做法参考建筑的有关规范，也可以参考吕光大编的《建筑电气安装工程图集》第二版第一册 5·35 "电缆人孔井通用做法"。当集水坑远离雨水井或雨水井的标高高于电缆沟底时，应对相应的排水系统作对应的调整。因此，在室外综合管网图会审时要认真比较各专业的相关标高。

（3）喇叭口要求均匀整齐，没有裂纹。电缆管预埋时要保证深度为 0.7m 以下；如客观条件不能满足，需要管上面作水泥砂浆包封，以确保管道不被压坏。

（4）电缆管要用厚壁钢管，内外均应涂刷防腐防锈漆或沥青，漆面要均匀；特别是焊接口处，更需作防锈处理。两根电缆管对接时，内管口应对准，然后加短套管（长度不小于电缆管外径的 2.2 倍）牢固、密封地焊接。

（5）电缆沟中的接地扁钢安装要牢固，一般每隔 0.5～1.5m 安装一个固定端子，高沟底高度为 250～300mm。在通过过路管时，要分别与各条钢管搭接，搭接处作好防腐防锈处理。为了保证每根钢管能与接地极可靠搭接，在埋管时逐一焊接，不允许把管埋完后才焊接。

5. 工程实例图片

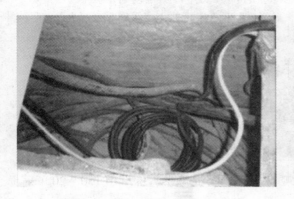

图 2.3-1　错误做法：电缆沟内未
设电缆支架，排列杂乱

图 2.3-2　错误做法：弱电外管 SCΦ100 管
口未处理，易造成电线损伤

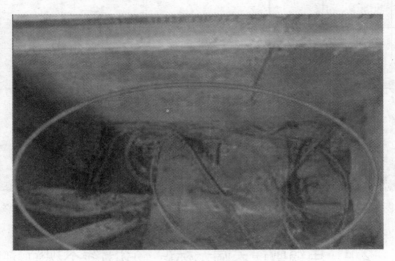

图 2.3-3　电缆沟内电缆线杂乱有垃圾

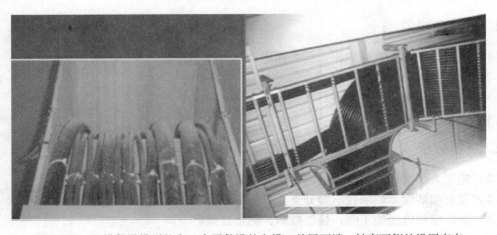

图 2.3-4　电缆敷设排列整齐，水平敷设的电缆，首尾两端、转弯两侧处设固定点

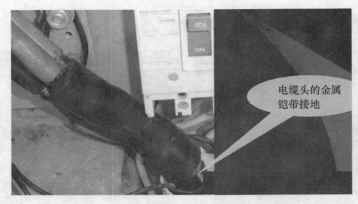

图 2.3-5　电缆敷设：铠装电缆头的金属铠装应采用铜绞线或镀锡铜编织线接地

图 2.3-6　沟内电缆敷设在电缆支架上，排列整齐、无交叉，支架接地可靠

2.4　电缆敷设末端无标识，引出线不规范

1. 不符合现象

（1）电缆敷设始端有标识，末端无标识。

（2）电缆敷设分支处无标识。

（3）电缆未进桥架，敷设随意。

（4）电缆引出线随意出线。

2. 原因分析

（1）施工人员责任心不强，电缆敷设始端有标识，末端无标识。

（2）没有按照设计要求在电缆分支处进行标识。

（3）后期增加电缆施工时，偷工减料，随意走线。

（4）安装施工时贪图方便，电缆随意出入。

3. 相关规范和标准要求

《建筑电气工程施工质量验收规范》（GB 50303—2002，2012 年版）的要求如下：

12.2.2　桥架内电缆敷设应符合下列规定：

1　大于 450 倾斜敷设的电缆每隔 2m 处设固定点；

2　电缆出入电缆沟、竖井、建筑物、柜（盘）台处以及管子管口处等做密封处理；

3　电缆敷设排列整齐，水平敷设的电缆，首尾两端、转弯两侧及每隔 5～10m 处设固定点；敷设于垂直桥架内的电缆固定点间距，不大于表 12.2.2 的规定。

表 12.2.2　电缆固定点的间距　　　　　　　　　　　　　　（mm）

电缆种类		固定点的间距
电力电缆	全塑型	1000
	除全塑型外的电缆	1500
控制电缆		1000

12.2.3　电缆的首端、末端和分支处应设标志牌。

13.2.4　电缆的首端、末端和分支处应设标志牌。

4. 预防措施

（1）加强施工人员责任心教育，电缆的首端、末端和分支处应设标志牌，标志牌上应注明电缆编号、规格、型号、电压等级及起讫地点。

（2）直埋电缆进出建筑物、电缆井其端应挂标志牌。

（3）沿支架、桥架敷设电缆时，在其两端、拐弯处、交叉处应挂标志牌。直线段应适当增设标志牌，以备日后检修。

（4）标志牌规格要统一，字迹应清晰不易脱落。标志牌应能防腐，挂装应牢固。

5. 工程实例图片

图 2.4-1　错误做法：电缆未进桥架，敷设随意

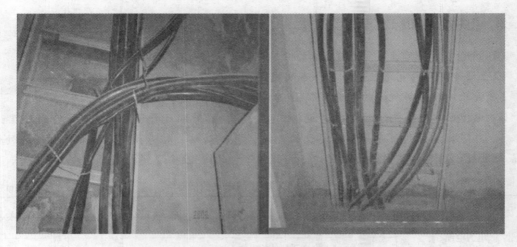

图 2.4-2　错误做法：电缆引出线随意出线

图 2.4-3　错误做法：桥架上电缆排列
不整齐且间距不合适

图 2.4-4　电缆引出线采用专用
束带固定且间距合适

2.5　用电设备接线不规范

1. 不符合现象

（1）采用普通金属软管锈蚀严重；

（2）出线口电管未做防水弯头，且未封堵；

（3）电缆或导线与设备端子连接未采用压接接线端子；

（4）导线裸露，接头处未封堵；

（5）未使用接地跨接线；

（6）金属软管长度超过 0.8m。

2. 原因分析

（1）室外及潮湿场所未采用防水防腐蚀的可挠金属管。

（2）没有按照设计要求在电气设备接线入口及接线盒盖等应做密封处理。

（3）一次配管定位不准，导致后期设备接线电缆施工时金属软管长度过长。

（4）安装施工时贪图方便，导线或电缆与设备接线处漏做压线端子。

3. 相关规范和标准要求

《建筑电气工程施工质量验收规范》（GB 50303—2002，2012 年版）的要求如下：

7.1.1 电动机、电加热器及电动执行机构的可接近裸露导体必须接地（PE）或接零（PEN）。

7.2.1 电气设备安装应牢固，螺栓及防松零件齐全，不松动。防水防潮电气设备的接线入口及接线盒盖等应做密封处理。

7.2.4 在设备接线盒内裸露的不同相导线间和导线对地间最小距离应大于 8mm，否则应采取绝缘防护措施。

14.2.10 金属、非金属柔性导管敷设应符合下列规定：

1 刚性导管经柔性导管与电气设备、器具连接，柔性导管的长度在动力工程中不大于 0.8m，在照明工程中不大于 1.2m。

2 可挠金属管或其他柔性导管与刚性导管或电气设置、器具间的连接采用专用接头；复合型可挠金属管或其他柔性导管的连接处密封良好，防液覆盖层完整无损。

3 可挠性金属导管和金属柔性导管不能做接地（PE）或接零（PEN）的连续导体。

说明：在建筑电气工程中，不能将柔性导管用做线路的敷设，仅在刚性导管不能准确配入电气设备器具时，做过渡导管用，所以要限制其长度，且动力工程和照明工程有所不同，其规定的长度是结合工程实际，经向各地调研后取得共识而确定的。

4. 预防措施

（1）室外及潮湿场所采用防水防腐蚀的可挠金属管。

（2）按照设计要求在防水防潮电气设备的接线入口及接线盒盖等应做密封处理。

（3）认真研究设计图纸，搞好专业配合并确定设备定位，确保一次配管准确到位，避免后期设备接线电缆施工时金属软管长度过长。

（4）电气设备安装应牢固，螺栓及防松零件齐全，不松动。导线或电缆采用压线端子与设备端子连接。并有防松装置。

（5）可挠性金属导管和金属柔性导管不能做接地（PE）或接零（PEN）的连续导体，设备外壳及金属导管采用专用接地跨接线连接。

5. 工程实例图片

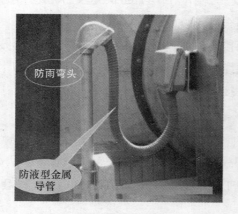

图 2.5-1 防水防潮电气设备的接线入口及接线盒等应做密封处理；管应做防雨装置

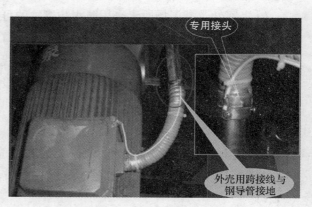

图 2.5-2 设备接线户内设备

图 2.5-3 错误做法：采用普通金属软管锈蚀严重；导线裸露，接头处未封堵

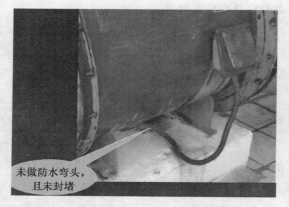

图 2.5-4 错误做法：采用普通金属软管锈蚀严重；出线口电管未做防水弯头，且未封堵

图 2.5-5 错误做法：水泵设备配电线未使用金属软管

2.6 导管、线槽、桥架内敷设的电线、电缆总横截面积超过规范要求

1. 不符合现象

（1）导管内敷设的电线总横截面积大于导管截面积的40%；

（2）线槽内电线或电缆的总截面（包括外护层）超过线槽内截面的20%；

（3）线槽内电线或电缆的数量超过30根；

（4）电缆桥架内敷设的电缆总截面积与托盘内横断面积的比值，电力电缆大于40%；控制电缆大于50%。

2. 原因分析

（1）施工时未按设计要求进行选管、线槽及桥架；

（2）施工过程中增加了线路，但未增加线槽或桥架，导致原线槽或桥架内服线路过多；

（3）安装施工时贪图方便，导线或电缆未按设计路线施工。

3. 相关规范和标准要求

《民用建筑电气设计规范》（JGJ 16—2008）的要求如下：

8.3.3 穿导管的绝缘电线（两根除外），其总截面积（包括外护层）不应超过导管内截面积的40%。

8.5.3 同一路径无电磁兼容要求的配电线路，可敷设于同一金属线槽内。线槽内电线或电缆的总截面（包括外护层）不应超过线槽内截面的20%，载流导体不宜超过30根。

控制和信号线路的电线或电缆的总截面不应超过线槽内截面的50%，电线或电缆根数不限。

有电磁兼容要求的线路与其他线路敷设于同一金属线槽内时，应用金属隔板隔离或采用屏蔽电线、电缆。

8.10.7 在电缆托盘上可无间距敷设电缆。电缆总截面积与托盘内横断面积的比值，电力电缆不应大于40%；控制电缆不应大于50%。

4. 预防措施

（1）如果导管内敷设的电线总横截面积大于导管截面积的40%时，应更换较大的导管或者按回路另行敷设管路；

（2）线槽内电线或电缆的总截面（包括外护层）不应超过线槽内截面的20%，载流导体不宜超过30根，电缆桥架内敷设的电缆总截面积与托盘内横断面积的比值，电力电缆大于40%；

（3）认真研究设计图纸，安装前认真核算线槽、桥架内的电缆总截面积与线槽、桥架内横断面积的比值，若不满足标准要求，应向设计方提出修改要求；

（4）施工过程中如果修改了设计，变更了线路走向或者增加了回路，增加了导线或电

缆的截面和数量，应及时核算线槽、桥架内的电缆总截面积与线槽、桥架内横断面积的比值，若不满足标准要求，应向设计方提出修改要求。

5. 工程实例图片

图 2.6-1　线槽内的绝缘导线及电缆总截面
　　　　　小于槽内总面积的 20%

图 2.6-2　线管内的绝缘导线及电缆总截
　　　　　面小于管内总面积的 40%

图 2.6-3　桥架内的电缆总截面小于桥架内总面积的 40%

2.7 管内穿线未按照作业流程执行

1. 不符合现象

（1）未采用专业工具，整盘导线放线时，未将导线置于放线架或放线车上，放线出现死扣和背花；

（2）剪断导线时，箱内导线的预留长度不足；

（3）遇特殊穿线位置时未提前下好引导钢丝，给后期施工后穿线带来麻烦；

（4）穿线管内有异物，电线电缆穿放困难或保护层有磨损。

2. 原因分析

（1）施工为做好准备工作，往往会造成施工困难、隐患增加；

（2）线路施工未做好前期规划和长度计算，导致线路余量不足或浪费；

（3）未按设计路线进行实际勘查和路线确认，对现场障碍或施工难度把握不够；

（4）穿线前准备工作不足，未清扫管内异物。

3. 相关规范和标准要求

《建筑电气工程施工质量验收规范》（GB 50303—2002，2012 年版）的要求如下：

15.2.1　电线、电缆穿管前，应清除管内杂物和积水。管口应有保护措施，不进入接线盒（箱）的垂直管口穿入电线、电缆后，管口应密封。

12.1.2　电缆敷设严禁有绞拧、铠装压扁、护层断裂和表面严重划伤等缺陷。

4. 预防措施

（1）穿线作业流程：

选择导线→穿带线→扫管→带护口→放线及断线→导线与带线的绑扎→管内穿线→导线连接→接头包扎→线路检查绝缘摇测

（2）放线及断线

对整盘导线放线时，将导线置于放线架或放线车上，放线避免出现死扣和背花。

剪断导线时，盒内导线的预留长度为15cm，箱内导线的预留长度为箱体周长的1/2，出户导线的预留长度为1.5m。

同一管路内的穿线的横截面积不能超过导管截面积的40%，一般情况下部超过6根导线。

遇特殊穿线位置时应提前下好引导钢丝，以避免施工后给穿线带来麻烦。

穿线前应先吹扫管内异物。

用钢丝做引导穿线时先头处应做成圆弧状以减少穿线阻力。

5. 工程实例图片

图 2.7-1　遇特殊穿线位置时应提前下好引导钢丝

图 2.7-2　对整盘电缆放线时采用专用放线架

图 2.7-3　电缆放线采用专用放线架，防止出现绞拧、铠装划伤

2.8　导线与端子连接不符合要求

1. 不符合现象

（1）多股铜芯线与设备、器具的端子连接未搪锡或采用接续端子；

（2）接线端子与导线的材质且规格不配套；

（3）导线与导线连接不合要求；

（4）导线绝缘层削去后，未清除导线表面的氧化物和接线端子孔内的氧化膜；

（5）压接绝缘导线端子时，导线外露部分过长。

2. 原因分析

（1）施工未做好准备工作，忽略操作工序；

（2）施工前未做好材料统计和采购，不同规格端子混用；

（3）连接导线时急于求成，忽视连接质量；

（4）导线剥线及压接端子时计划不足。

3. 相关规范和标准要求

《建筑电气工程施工质量验收规范》（GB 50303—2002，2012年版）的要求如下：

18.2.1　芯线与电器设备的连接应符合下列规定：

1　截面积在10mm² 及以下的单股铜芯线和单股铝芯线直接与设备、器具的端子连接；

2　截面积在2.5mm² 及以下的多股铜芯线拧紧搪锡或接续端子后与设备、器具的端子连接；

3　截面积大于2.5mm² 的多股铜芯线，除设备自带插接式端子外，接续端子后与设备或器具的端子连接；多股铜芯线与插接式端子连接前，端部拧紧搪锡；

4　多股铝芯线接续端子后与设备、器具的端子连接；

5　每个设备和器具的端子接线不多于2根电线。

说明：为保证导线与设备器具连接可靠，不致通电运行后发生过热效应，并诱发燃烧事故，作此规定。要说明一下，芯线的端子即端部的接头，俗称铜接头、铝接头，也有称接线鼻子的；设备、器具的端子指设备、器具的接线柱、接线螺丝或其他形式的接线处，即俗称的接线桩头；而标示线路符号套在电线端部做标记用的零件称端子头；有些设备内、外部接线的接口零件称端子板。

18.2.2　电线、电缆的芯线连接金具（连接管和端子），规格应与芯线的规格适配，且不得采用开口端子。

说明：大规格金具、端子与小规格芯线连接，如焊接要多用焊料，不经济，如压接更不可取，压接不到位也压不紧，电阻大，运行时要过热而出故障；反之小规格金具、端子与大规格芯线连接，必然要截去部分芯线，同样不能保证连接质量，而在使用中易引发电气故障，所以必须两者适配。开口端子一般用于实验室或调试用的临时线路上，以便拆装，不应用在永久连接的线路上，否则可靠性就无法保证。

4. 预防措施

（1）铜导线与端子连接

铜导线与端子连接：多股导线可采用与导线同材质且规格相应的接线端子压接。将导线绝缘层削去后，清除导线表面的氧化物将线芯紧紧地绞在一起，同时也要清除接线端子孔内的氧化膜，然后将线芯插入到接线端子孔内，导线外露部分为1~2mm，用压接钳压紧即可，见图2.8-5。

（2）接线

三根及以上导线连接时，将连接导线绝缘台并齐合拢，在距绝缘台约15mm处用其中一根线芯，在其连接端缠绕 5 圈后剪断，把余头并齐折回压在缠绕线上，见图 2.8-1。两根导线连接时，将连接导线绝缘台并齐合拢，在距绝缘台约 15mm 处用两根线芯捻绞 2 圈后，留余线适当长后剪断折回压紧，见图 2.8-2。

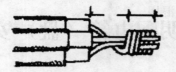

图 2.8-1　单芯线并接头

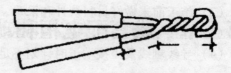

图 2.8-2　单芯线并接头

不同直径导线接头：如果由粗细不同的多根导线（包括截面小于 2.5mm^2 的多心软线）连接时，应先将细（软）线涮锡处理，然后再将细（软）线在粗线上距离绝缘台 15mm 处交叉，并在线端部向粗导线端缠绕多圈，将粗导线端折回头压在细（软）线上，最后再做涮锡处理，见图 2.8-3。

多芯铜导线的倒人字连接：倒人字连接时，按导线线芯的结合长度，剥去适当长度的绝缘层，并各自分开线芯进行合拢，用绑线进行绑扎，绑扎长度应为双根导线直径的 5 倍，见图 2.8-4。

5. 工程实例图片

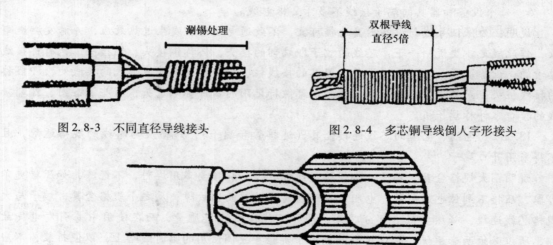

图 2.8-3　不同直径导线接头　　　　图 2.8-4　多芯铜导线倒人字形接头

图 2.8-5　铜导线与端子连接

第三章 成套配电柜和动力、照明配电箱（盘）安装

3.1 配电箱安装不平直、箱壳开孔不符合要求

1. 不符合现象

（1）箱体与墙体有缝隙，箱体不平直。

（2）箱体内的砂浆、杂物未清理干净。

（3）箱壳的开孔不符合要求，特别是用电焊或气焊开孔，严重破坏箱体的油漆保护层，破坏箱体的美观。

（4）落地的动力箱接地不明显（做在箱底下，不易发现），重复接地导线截面不够。箱体内线头裸露，布线不整齐，导线不留余量。

2. 原因分析

（1）安装箱体时与土建配合不够，土建补缝不饱满，箱体安装时没有用水准仪校水平。

（2）认真将箱内的砂浆杂物清理干净。

（3）箱体的"敲落孔"开孔与进线管不匹配时，必须用机械开孔或送回生产厂家要求重新加工，或订货时严格标定尺寸，按尺寸生产。

3. 相关规范和标准要求

《建筑电气工程施工质量验收规范》（GB 50303—2002，2012 年版）的要求如下：

6.2.3 柜、屏、台、箱、盘安装垂直度允许偏差为 1.5‰，相互间接缝不应大于 2mm，成列盘面偏差不应大于 5mm。

6.2.8 照明配电箱（盘）安装应符合下列规定：

1 位置正确，部件齐全，箱体开孔与导管管径适配，暗装配电箱箱盖紧贴墙面，箱（盘）涂层完整；

2 箱（盘）内接线整齐，回路编号齐全，标识正确；

3 箱（盘）不采用可燃材料制作；

4 箱（盘）安装牢固，垂直度允许偏差为 1.5‰；底边距地面为 1.5m，照明配电板底边距地面不小于 1.8m。

4. 预防措施

（1）加强检查督促，增强施工人员的责任心。

（2）透彻理解验收部门关于接地的有关规定。根据供电部门和市质检总站的要求，动

41

力箱的箱体接地点和导线必须明确显露出来，不能在箱底下焊接或接线。接地的导线，按规范当装置的相线截面 $S \leqslant 16\text{mm}^2$ 时，接地线最小截面为 S；当 $16 < S \leqslant 35\text{mm}^2$ 时，接地线的最小截面为 16mm^2；当 $S > 35\text{mm}^2$ 时，接地线的最小截面为 $S/2$。

（3）箱体内的线头要统一，不能裸露，布线要整齐美观，绑扎固定，导线要留有一定的余量，一般在箱体内要有 $10 \sim 5\text{cm}$ 的余量。

（4）进箱管口用开孔器开合适连接孔，或使用预留的敲落孔。

5. 工程实例图片

图 3.1-1　错误做法：箱壳的开孔用电焊或气焊，不符合要求

图 3.1-2　箱体开孔与导管管径
适配和管口保护完整

图 3.1-3　配电箱、柜出线处有护口处理

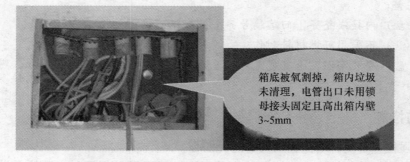

箱底被氧割掉，箱内垃圾未清理，电管出口未用锁母接头固定且高出箱内壁 3~5mm

图 3.1-4　错误做法：箱体开孔与导管管径不适配，特别是用气焊切割了箱底

图 3.1-5　并排控制箱排列整齐、美观，　　　图 3.1-6　配电室整体布置美观，水平度、垂
　　　　　固定可靠，平整度符合要求　　　　　　　　　　直度控制较好，操作通道宽敞

3.2　箱柜内配线凌乱、回路标识不清、接线不规范

1. 不符合现象

（1）箱内排线杂乱，导线未分色处理。

（2）配电回路未挂标志牌或标志内容不全、字迹不清晰。

（3）无专用接地、接零端子排。

（4）照明配电箱内无 N 线、PE 线汇流排。

（5）配电箱门栓安装时，上、下部采用固定、活动插销颠倒。

（6）活动箱门和本体未连接跨接线。

2. 原因分析

（1）安装前没有对箱内线路进行整体布局和规划。

（2）没有按照设计要求对所有配电回路进行标识。

（3）施工时贪图节省，未设置专用接地、接零端子排。

（4）照明配电箱订货时未提出设置 N 线、PE 线汇流排的要求。

（5）设备进场和安装前未认真进行检查验收。

（6）施工时配电箱门栓安装不认真。

（7）忽视了活动箱门和本体之间接地连接。

3. 相关规范和标准要求

《建筑电气工程施工质量验收规范》（GB 50303—2002，2012 年版）的要求如下：

6.1.1　柜、屏、台、箱、盘的金属框架及基础型钢必须接地（PE）或接零（PEN）可靠；装有电器的可开门，门和框架的接地端子间应用裸编织铜线连接，且有标识。

6.1.9　照明配电箱（盘）安装应符合下列规定：

1　箱（盘）内配线整齐，无绞接现象。导线连接紧密，不伤芯线，不断股。垫圈下螺丝两侧压的导线截面积相同，同一端子上导线连接不多于 2 根，防松垫圈等零件齐全。

2 箱（盘）内开关动作灵活可靠，带有漏电保护的回路，漏电保护装置动作电流不大于30mA，动作时间不大于0.1s；

3 照明箱（盘）内，分别设置零线（N）和保护地线（PE线）汇流排，零线和保护地线经汇流排配出。

6.2.6 柜、屏、台、箱、盘间配线：电流回路应采用额定电压不低于750V、芯线截面积不小于2.5mm² 的铜芯绝缘电线或电缆；除电子元件回路或类似回路外，其他回路的电线应采用额定电压不低于750V、芯线截面不小于1.5mm² 的铜芯绝缘电线或电缆。

二次回路连线应成束绑扎，不同电压等级、交流、直流线路及计算机控制线路应分别绑扎，且有标识；固定后不应妨碍手车开关或抽出式部件的拉出或推入。

6.2.7 连接柜、屏、台、箱、盘面板上的电器及控制台、板等可动部位的电线应符合下列规定：

1 采用多股铜芯软电线，敷设长度留有适当裕量；

2 线束有外套塑料管等加强绝缘保护层；

3 与电器连接时端部绞紧，且有不开口的终端端子或搪锡，不松散、断股；

4 可转动部位的两端用卡子固定。

4. 预防措施

（1）安装前对箱内线路进行整体布局和规划，确保箱（盘）内配线整齐，无绞接现象。

（2）按回路悬挂标志牌，注明线路编号、规格及用途，标志牌字迹应清晰且不易脱落。

（3）箱内设置专用的接地、接零端子排，端子排安装牢固。

（4）照明配电箱订货时，应按照图纸要求明确提出设置 N 线、PE 线汇流排的技术要求，包括汇流排的截面、接线座数量、开孔规格数量及所配螺栓、螺钉规格等。

（5）设备进场和安装前应派专人进行检查验收，不合设计及订货要求的不得进场安装。

（6）电线、电缆的多股铜芯线与接线端子或 N 线、PE 线汇流排连接不断股。

（7）箱内设置专用的强电、弱电端子隔离布置。

5. 工程实例图片

图 3.2-1 按回路悬挂标志牌，注明线路编号、规格及用途

图 3.2-2 箱内设置专用的接地、接零端子排，接线端子有防松脱措施

图 3.2-3 错误做法：箱内排线杂乱，无专用接地、接零端子排

图 3.2-4 配电箱门栓安装时，上部采用固定插销，下部为活动插销

图 3.2-5 错误做法：不同回路的接地、接零线接在同一端子上

图 3.2-6 配电箱内排线整齐，导线分色处理，回路编号齐全

3.3 箱柜内部分电器元件安装不符合规范

1. 不符合现象

（1）箱柜内的控制元件或模块未固定安装；

（2）配电箱内所有电器接线端子螺丝上紧确认后未涂上色漆点标示；

（3）部分控制开关及保护装置的规格、型号不符合设计要求；

（4）个别发热元件未安装在散热良好的位置；

（5）部分自动开关的整定值不符合设计要求；

（6）配电箱（盘）全部电器安装完毕后，未用500V兆欧表对线路进行绝缘摇测。

2. 原因分析

（1）安装前没有对箱内元件进行检查和加固；

（2）没有按照规范要求对已上紧的螺丝进行标示；

（3）施工时贪图节省，未按设计要求安装控制开关及保护装置；

（4）安装前没有对箱内元件、线路进行整体布局和规划；

（5）设备进场和安装前未认真核对自动开关的整定值；

（6）施工安装不认真，未按操作规程进行线路绝缘摇测。

3. 相关规范和标准要求

《建筑电气工程施工质量验收规范》（GB 50303—2002，2012年版）的要求如下：

4.1.5 低压部分的交接试验分为线路和装置两个单位，线路仅测量绝缘电阻，装置既要测量绝缘电阻又要做工频耐压试验。测量和试验的目的，是对出厂试验和复核，以使通电前对供电的安全性和可靠性作出判断。

6.1.4 高压成套配电柜必须按本规范第3.1.8条的规定交接试验合格，且应符合下列规定：

1 继电保护元器件、逻辑元件、变送器和控制用计算机等单体校验合格，整组试验动作正确，整定参数符合设计要求；

2 凡经法定程序批准，进入市场投入使用的新高压电气设备货物继电保护装置，按产品技术文件要求交接试验。

6.1.5 低压成套配电柜交接试验，必须符合本规范第4.1.5条的规定。

6.1.6 柜、屏、台、箱、盘间线路的线间和线对地间绝缘电阻值，馈电线路必须大于 0.5MΩ；二次回路必须大于1MΩ。

6.1.7 柜、屏、台、箱、盘间二次回路交流工频耐压试验，当绝缘电阻值大于10MΩ时，用2500V兆欧表摇测1min，应无闪络击穿现象；当绝缘电阻值在1～10MΩ时，做1000V交流工频耐压试验，时间1min，应无闪络击穿现象。

6.2.4 柜、屏、台、箱、盘内检查试验应符合下列规定：

1 控制开关及保护装置的规格、型号符合设计要求；

2 闭锁装置动作准确、可靠；

3 主开关的辅助开关切换动作与主开关动作一致；

4 柜、屏、台、箱、盘上的标识器件标明被控设备编号及名称，或操作位置，接线端子有编号，且清晰、工整、不易脱色；

5 回路中的电子元件不应参加交流工频耐压试验；48V及以下回路可不做交流工频耐压试验。

6.2.5 低压电器组合应符合下列规定：

1 发热元件安装在散热良好的位置；

2 熔断器的熔体规格、自动开关的整定值符合设计要求；

3 切换压板接触良好，相邻压板间有安全距离，切换时，不触及相邻的压板；

4 信号回路的信号灯、按钮、光字牌、电铃、电笛、事故电钟等动作和信号显示准确；

5 外壳需接地（PE）或接零（PEN）的，连接可靠；

6 端子排安装牢固，端子有序号，强电、弱电端子隔离布置，端子规格与芯线截面积大小适配。

4. 预防措施

（1）安装前对箱内元件进行检查和加固；

（2）按照规范要求对已上紧的螺丝进行标示；

（3）严格按照设计要求安装控制开关及保护装置；

（4）安装前对箱内元件、线路进行整体布局和规划，发热元件应安装在散热良好的位置；

（5）设备进场和安装前认真核对低压电器组合的整定值，确保每个元器件安装正确、合格；

（6）严格按操作规程进行高、低压成套配电柜交接试验，低压线路仅测量绝缘电阻，装置既要测量绝缘电阻又要做工频耐压试验；二次回路进行交流工频耐压试验。

5. 工程实例图片

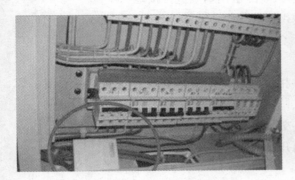

图 3.3-1　错误做法：配电柜内的控制
模块未固定安装妥当

图 3.3-2　错误做法：所有电气螺丝上紧
确认后未涂色漆点标示

图 3.3-3　箱内线路整体布局良好，
各类端子安装合理

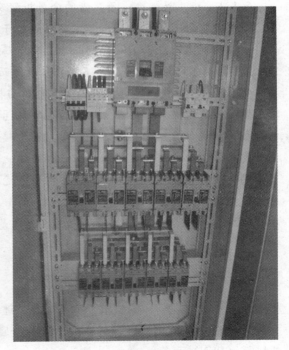

图 3.3-4　箱内元件整体布局合理、
内部连接规范良好

3.4 落地的动力箱柜接地不明显或金属框架等接地不良

1. 不符合现象

（1）柜、屏、台、箱、盘相互间或与基础型钢未采用镀锌螺栓连接，且防松零件不齐全，或者采用了焊接方式相连；

（2）没有从 PE 干线上引出 PE 支线对每个独立的型钢基础进行接地；

（3）装有电器元件的开启柜门未采用裸编织铜线与箱体连接或没有标识。

2. 原因分析

（1）柜、屏、台、箱、盘的供应商未提供相互间连接的镀锌螺栓，安装单位采用了焊接方式相连；

（2）施工人员没有进行重复接地，或者是交叉作业互相推诿导致重复接地缺失；

（3）订货时没有明确对安装了电器元件的开启柜门与箱体连接材料的要求。

3. 相关规范和标准要求

《建筑电气工程施工质量验收规范》（GB 50303—2002，2012 年版）的要求如下：

6.1.1　柜、屏、台、箱、盘的金属框架及基础型钢必须接地（PE）或接零（PEN）可靠；装有电器的可开门，门和框架的接地端子间应用裸编织铜线连接，且有标识。

说明：对高压柜而言是保护接地。对低压柜而言是接零，因低压供电系统布线或制式不同，有 TN-C、TN-C-S、TN-S 不同的系统，而将保护地线分别称为 PE 线和 PEN 线。显然，在正常情况下 PE 线内无电流流通，其电位与接地装置的电位相同；而 PEN 线内当三相供电不平衡时，有电流流通，各点的电位也不相同，靠近接地装置端最低，与接地干线引出端的电位相同。设计时对此已作了充分考虑，对接地电阻值、PE 线和 PEN 线的大小规格、是否要重复接地、继电保护设置等作出选择安排，而施工时要保证各接地连接可靠，正常情况下不松动，且标识明显，使人身、设备在通电运行中确保安全。施工操作虽工艺简单，但施工质量是至关重要的。

6.2.2　柜、屏、台、箱、盘相互间或与基础型钢应用镀锌螺栓连接，且防松零件齐全。

4. 预防措施

（1）加强设备进场前对柜、屏、台、箱、盘的验收，认真核对是否符合《建筑电气工程施工质量验收规范》的要求，检查配备的镀锌螺栓、防松零件是否齐全；

（2）严格进行柜、屏、台、箱、盘的金属框架及基础型钢接地验收，确保接地（PE）或接零（PEN）可靠；

（3）订货时必须明确：装有电器的可开门，门和框架的接地端子间应用裸编织铜线连接，且有标识。

5. 工程实例图片

图 3.4-1　柜、屏与金属门的接地端子间应用裸编织铜线连接

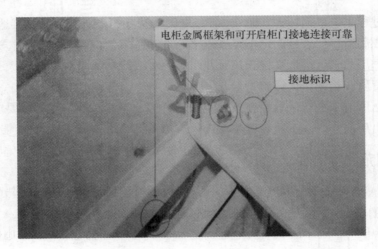

图 3.4-2　柜、屏与金属框架、门的接地端子间应用裸编织铜线连接

图 3.4-3　落地柜金属框架门接地明显，接法规范

3.5 配电柜、箱内铭牌不全，附带相关技术资料不齐

1. 不符合现象

（1）配电箱柜铭牌不全；

（2）配电箱型号或制造厂标志号缺失；

（3）柜箱门内无回路系统图或不对应；

（4）没有长城认证标志；

（5）材质证明资料不齐全；

（6）缺失产品合格证、使用说明书。

2. 原因分析

（1）运输过程丢失或损坏；

（2）型号或制造厂标志号固定不牢靠或字迹不结实耐久；

（3）设备出厂前未进行认真检查核对并张贴所对应的系统图；

（4）缺少资质或长城认证标志丢失或损坏；

（5）设备出厂前未进行认真检查核对随行资料；

（6）设备出厂前未认真按照装箱单检查。

3. 相关规范和标准要求

国家标准：GB 7251.3—2006《低压成套开关设备和控制设备　第3部分：对非专业人员可进入场地的低压成套开关设备和控制设备——配电板的特殊要求》的要求如下：（摘录）

5. 提供成套设备的资料

5.1 铭牌

每台成套设备应配备一个至数个铭牌。铭牌应坚固、耐久，其位置应该置在成套设备安装好后，易于看见的地方，而且字迹要清楚。铭牌可以安置在门后面或可拆卸移动的盖板后面。

（a）和（b）项中的资料应在铭牌上标出，从（c）至（q）项的数据，如果适用的话，可以在铭牌上给出，也可以在制造厂的技术文件中给出。

（a）制造厂名称或商标；

（b）型号或标志号或其他标记，据此可以从制造厂里得到有关的资料；

（c）GB 7251.3；

（d）电流类型（以及在交流情况下的频率）；

（e）额定工作范围；

（f）额定绝缘电压；

（g）辅助电路额定电压；

（h）工作范围；

（i）每条电路的额定电压；

（j）短路强度；

（k）防护等级；

（l）对人身的防护措施；

（m）户内使用条件，户外使用条件或特殊使用条件；

（n）为成套设备所设计的系统接地型式；

（o）外形尺寸，其顺序为高度、宽度（或长度）、深度；

（p）内部隔离形式；

（q）配电板的额定电流。

5.2　标志

所使用的图形和符号应符合相应的国家标准。

4. 预防措施

加强设备进场前对柜、屏、台、箱、盘的验收，重点把握以下几点：

（1）材质证明资料必须齐全：

①生产厂家的生产许可证；

②两部认可定点厂的证书复印件。

（2）实物验收：

①产品外观质量、几何尺寸、油漆饰面。

②箱、柜内元件质量、认证标志、安装固定情况、接线正确性、牢固性；外接端子质量、外接导线预留空间、箱柜内配线规格与颜色、电气间隙及爬电距离等。检查是否存在如下通病：

　a. 柜下部接线端子距地高度小于350mm，致使与电缆导线连接用的有效空间过小；

　b. 装有超安全电压的电器设备的柜门、盖、覆板未与保护电路可靠连接；

　c. 柜内保护导体颜色不符合规定；

　d. 支撑固定导体的绝缘子（瓷瓶）外表釉面有裂纹或缺损；

　e. 电流互感器配线使用$1.5mm^2$导线，线径小于规范规定；

　f. 多股铜线不使用端子压接导线，也不涮锡处理；

　g. 柜箱内接线不牢固；

　h. 柜箱内或门上安装的仪表不牢固，间距不均匀；

　i. 柜箱门内无回路系统图；

　j. 应有安全认证的器件，没有长城认证标志。

③检查设备铭牌和有关资料，应具备以下内容：

　a. 制造厂厂名、商标；

　b. 型号；

c. 制造年月；

d. 出厂编号；

e. 符合标准号；

f. 电流类型；

g. 额定频率；

h. 额定工作电压；

i. 使用条件；

j. 工作范围；

k. 防护等级；

l. 外形尺寸及安装尺寸；

m. 重量。

④检查随机文件，应包括：

a. 使用说明书；

b. 文件资料清单；

c. 原理图、接线图；

d. 产品合格证；

e. 装箱清单。

5. 工程实例图片

图 3.5-1　配电箱柜铭牌标志明显、
盘面排列整齐

图 3.5-2　柜箱门上明显位置张贴系统图

图 3.5-3　柜箱内各种标志齐全，系统图清晰

3.6　配电箱柜内的保护导体不符合要求

1. 不符合现象

（1）用黄铜排代替紫铜排；
（2）PE 汇流排的截面不满足要求。

2. 原因分析

（1）招标文件未明确，厂商用黄铜排代替紫铜排节省成本；
（2）没有经过计算，随意或凭经验选取 PE 汇流排截面。

3. 相关规范和标准要求

（1）《建筑电气工程施工质量验收规范》（GB 50303—2002，2012 年版）的要求如下：

6.1.2　低压成套配电柜、控制柜（屏、台）和动力、照明配电箱（盘）应有可靠的电击保护。柜（屏、台、箱、盘）内保护导体应有裸露的连接外部保护导体的端子，当设计无要求时，柜（屏、台、箱、盘）内保护导体最小截面积 S_p 不应小于表6.1.2的规定。

表 6.1.2　保护导体的截面积

相线的截面积 S（mm^2）	相应保护导体的最小截面积 S_p（mm^2）
$S \leqslant 16$	S
$16 < S \leqslant 35$	16
$35 < S \leqslant 400$	$S/2$
$400 < S \leqslant 800$	200
$S > 800$	$S/4$

注：S 指柜（屏、台、箱、盘）电源进线相线截面积，且两者（S、S_p）材质相同。

（2）国家标准《低压成套开关设备和控制设备　第1部分：型式试验和部分型式试验成套设备》GB 7251.1—2005/IEC 60439-1：1999规定了成套箱、柜内的PE汇流排最小截面积和GB 50303—2002表6.1.2的规定一致。

（3）国家标准《加工铜及铜合金牌号和化学成分》GB/T 5231—2012规定了黄铜的化学成分如下：

普通黄铜的含铜量在57%～97%之间；

镍黄铜的含铜量在54%～67%之间；

铅黄铜的含铜量在56%～90.5%之间；

硼砷黄铜的含铜量在67%～91%之间；

锡黄铜的含铜量在59%～91%之间；

铝黄铜的含铜量在57%～79%之间；

锰黄铜的含铜量在53%～63%之间；

铁黄铜的含铜量在56%～60%之间；

硅黄铜的含铜量在59%～81%之间。

（4）国家标准《电工用铜、铝及其合金母线　第1部分：铜和铜合金母线》GB/T 5585.1—2005规定了铜和铜合金母线的化学成分，如表3.6.1所示。

表3.6.1　铜和铜合金母线的化学成分

型号	名称	化学成分（%）	
		铜加银不小于	其中含银
TM	铜线	99.90	—
TH11M	一类铜合金母线	99.90	0.08～0.15
TH12M	二类铜合金母线	99.90	0.16～0.25

4. 预防措施

（1）加强招标文件的技术要求，提出明确要求N排、PE排必须采用紫铜镀锡处理。

（2）加强设备进场前对柜、屏、台、箱、盘的保护导体验收，材质证明资料必须齐全，严格按照《建筑电气工程施工质量验收规范》（GB 50303）的要求对低压成套配电柜、控制柜（屏、台）和动力、照明配电箱（盘）内的保护导体进行验收。虽然箱柜到场以后柜内的N排、PE排可能已经经过了镀锡处理，但是还是不难发现厂家到底采用的是黄铜还是紫铜。

（3）实物验收时，加强对产品外观质量、几何尺寸、油漆饰面的控制，并注意和随机携带资料是否一致。

（4）对比上述两个国家标准《加工铜及铜合金化学成分和产品形状》GB/T 5231—2001所列的化学成分和国家标准《电工用铜、铝及其合金母线　第1部分：铜和铜合金母线》GB/T 5585.1—2005所列的化学成分可以看出：各种黄铜的含铜量与电工用铜的含铜量均有差别，均低于电工用铜的含铜量，而其有的差别还很大，其导电性、导热性、耐腐蚀性等物理性能均达不到电工用铜的标准，因此不能用黄铜代替电工用铜。在电气技术人员多年形成的概念里，电工用铜通常都是"紫铜"，基本上算是纯铜，杂质很少，呈现铜的本色——淡红色，也称"红铜"，具有自然的光泽和延展性，绝不是常见的"黄铜"，"黄铜"是合金铜。即使经过了镀锡处理的"黄铜"也很容易被辨别出来，"黄铜"不能代替"紫铜"作为电工铜使用。

5. 工程实例图片

图 3.6-1　电工用铜通常都是"紫铜"

图 3.6-2　柜内保护导体有裸露的连接外部保护导体的端子

图 3.6-3　紫铜母线安装

图 3.6-4　黄铜板材

图 3.6-5　紫铜母线

第四章 电缆桥架、线槽与母线槽安装

4.1 桥架中敷设的电缆没有统一挂牌标识、电缆排列不整齐

1. 不符合现象

（1）电缆安装后没有统一挂牌，电缆在桥架中敷设杂乱；

（2）桥架内电缆排列不整齐，电缆固定点设置不规范；

（3）电缆的首端、末端和分支处标志牌设置不够；

（4）电线在线槽有接头；

（5）同一回路的相线和零线未敷设于同一金属线槽内，未对每个回路内进行分段绑扎。

2. 原因分析

（1）各电缆施工单位没有协调好，只求自己敷设的电缆能通过即可；

（2）没有做好线路规划，桥架内电缆固定点随意；

（3）只注重在配电箱柜标志电缆回路，而没有在桥架上电缆的首端、末端设置标志；

（4）线路规划不细致或者贪图方便，在线槽进行了电线接头；

（5）对规范掌握不足，线路敷设随意性大。

3. 相关规范和标准要求

《建筑电气工程施工质量验收规范》（GB 50303—2002，2012 年版）的要求如下：

12.1.2 电缆敷设严禁有绞拧、铠装压扁、护层断裂和表面严重划伤等缺陷。

12.2.2 桥架内电缆敷设应符合下列规定：

1 大于 45°倾斜敷设的电缆每隔 2m 处设固定点；

3 电缆敷设排列整齐，水平敷设的电缆，首尾两端、转弯两侧及每隔 5～10m 处设固定点；敷设于垂直桥架内的电缆固定点间距，不大于表 12.2.2 的规定。

表 12.2.2 电缆固定点的间距 （mm）

电缆种类		固定点的间距
电力电缆	全塑型	1000
	除全塑型外的电缆	1500
控制电缆		1000

12.2.3 电缆的首端、末端和分支处应设标志牌。

15.2.3 线槽敷线应符合下列规定：

1　电线在线槽内有一定余量，不得有接头。电线按回路编号分段绑扎，绑扎点间应大于2m；

2　同一回路的相线和零线，敷设于同一金属线槽内；

3　同一电源的不同回抗干扰要求的线路用隔板隔离，或采用屏蔽电线且屏蔽护套一端接地。

15.2.3　为方便识别和检修，对每个回路的线槽内进行分段绑扎；由于线槽内电线有相互交叉和平行紧挨现象，所以要注意有抗电磁干扰要求的线路采取屏蔽和隔离措施。

18.2.3　电线、电缆的回路标记应清晰，编号准确。

《民用建筑电气设计规范》JGJ 16—2008 的要求如下：

8.5.4　电线或电缆在金属线槽内不应有接头。当在线槽内有分支时，其分支接头应设在便于安装、检查的部位。电线、电缆和分支接头的总截面（包括外护层）不应超过该点线槽内截面的75%。

4. 预防措施

（1）电缆施工队伍之间要协调好，将大小电缆分别排好走向和位置。

（2）电缆敷设排列整齐，水平敷设的电缆首尾两端、转弯两侧及每隔5～10m处设固定点。

（3）电缆敷设安装完毕后统一用防潮防腐纸牌挂牌，注明各式各样每条电缆的线路编号、型号、规格和起讫点。挂牌位置为：电缆终端头、拐弯处、夹层内，竖井的两端，电缆沟的人手工艺孔等。

（4）电线在线槽内有一定余量，不得有接头。电线按回路编号分段绑扎，绑扎点间应大于2m。

（5）同一回路的相线和零线，敷设于同一金属线槽内，为方便识别和检修，对每个回路的线槽内进行分段绑扎，电线、电缆的回路标记应清晰，编号准确。

5. 工程实例图片

图4.1-1　电缆在水平敷设的桥架中
　　　　安装后统一挂牌标志

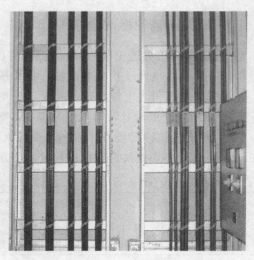

图4.1-2　电缆在垂直敷设的桥架中
　　　　安装后统一挂牌标志

图 4.1-3　电缆桥架安装后统一喷涂用途标志　　　图 4.1-4　电缆敷设转弯处绑扎固定整齐、牢靠

图 4.1-5　梯型桥架内的电缆固定点布置合理

4.2　母线插接箱的安装不平直、封闭式母线各段母线过长

1. 不符合现象

（1）母线的插接箱安装不平直；

（2）封闭式母线各段母线太长，不易运输和安装；

（3）封闭式母线水平敷设的支持点间距大于 2m；

（4）封闭式母线的插接分支点设置不合理；

（5）封闭式母线的连接设在了穿过楼板或墙壁处，导致操作困难。

2. 原因分析

（1）母线插接箱固定不牢靠或固定不当；

（2）母线订货时没有认真考虑楼层的层高、安装空间等环境因素影响；

（3）封闭式母线水平敷设时支持点的设置未考虑母线的自重和动荷载效应；

（4）封闭式母线的插接分支点设置未综合考虑出线空间和操作空间；

（5）安装前规划不足，母线长度及连接处设置不合理。

3. 相关规范和标准要求

《建筑电气工程施工质量验收规范》（GB 50303—2002，2012 年版）的要求如下：

11　裸母线、封闭母线、插接式母线安装

11.1.3　封闭、插接式母线安装应符合下列规定：

1　母线与外壳同心，允许偏差为±5mm；

2　当段与段连接时，两相邻段母线及外壳对准，连接后不使母线及外壳受额外应力；

3　母线的连接方法符合产品技术文件要求。

说明：由于封闭、插接式母线是定尺寸按施工图订货和供应，制造商提供的安装技术要求文件，指明连接程序、伸缩节设置和连接以及其他说明，所以安装时要注意符合产品技术文件要求。

11.2.5　封闭、插座式母线组装和固定位置应正确，外壳与底座间、外壳各连接部位和母线的连接螺栓应按产品技术文件要求选择正确，连接紧固。

《民用建筑电气设计规范》JGJ 16—2008 的要求如下：

8.11　封闭式母线布线

8.11.1　封闭式母线布线适用于干燥和无腐蚀性气体的室内场所。

8.11.2　封闭式母线水平敷设时，底边至地面的距离不应小于 2.2m。除敷设在电气专用房间内外，垂直敷设时，距地面 1.8m 以下部分应采取防止机械损伤措施。

8.11.3　封闭式母线不宜敷设在腐蚀气体管道和热力管道的上方及腐蚀性液体管道下方。当不能满足上述要求时，应采取防腐、隔热措施。

8.11.4　封闭式母线布线与各种管道平行或交叉时，其最小净距应符合本规范表 8.5.7 的规定。

8.11.5　封闭式母线水平敷设的支持点间距不宜大于 2m。垂直敷设时，应在通过楼板处采用专用附件支撑并以支架沿墙支持，支持点间距不宜大于 2m。当进线盒及末端悬空时，垂直敷设的封闭式母线应采用支架固定。

8.11.6　封闭式母线终端无引出线时，端头应封闭。

8.11.7　当封闭式母线直线敷设长度超过 80m 时，每 50～60m 宜设置膨胀节。

8.11.8　封闭式母线的插接分支点，应设在安全及安装维护方便的地方。

8.11.9　封闭式母线的连接不应在穿过楼板或墙壁处进行。

8.11.10　多根封闭式母线并列水平或垂直敷设时，各相邻封闭母线间应预留维护、检修距离。

8.11.11　封闭式母线外壳及支架应可靠接地，全长不应少于 2 处与接地保护导体（PE）相连。

8.11.12　封闭式母线随线路长度的增加和负荷的减少而需要变截面时，应采用变容量接头。

4. 预防措施

（1）安装插接箱时，要横平竖直，与母线接触可靠、牢固。

（2）母线订货时，必须保证每段母线不得大于每层楼高；一般不大于 3m，以方便楼内搬运和安装。

（3）母线及配件进场时，要严格按照 GBJ 50149《电气装置安装工程　母线装置施工及验收规范》和合同验货。

（4）封闭式母线水平敷设的支持点间距不宜大于 2m。垂直敷设时，应在通过楼板处采用专用附件支撑并以支架沿墙支持，支持点间距不宜大于 2m。

（5）封闭式母线的插接分支点设置应综合考虑出线空间和操作空间，应设在安全及安装维护方便的地方。

（6）封闭式母线的连接不应在穿过楼板或墙壁处进行。

5. 工程实例图片

图 4.2-1　插接箱安装横平竖直，与
母线接触可靠、牢固

图 4.2-2　封闭式母线水平、垂直敷设
转换做法得当，支撑合理

图 4.2-3　水平敷设的封闭式母线
支持点的设置间距合理

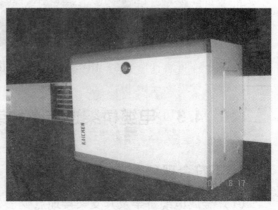

图 4.2-4　插接箱与母线接触可靠、颜色一致

图 4.2-5 相邻的两封闭母线段与段连接整齐、紧密无偏差

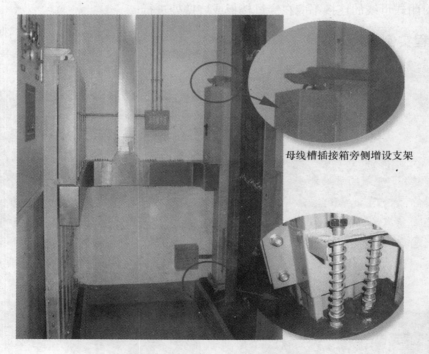

母线槽插接箱旁侧增设支架

图 4.2-6 母线插接箱旁边增设固定支架

4.3 电缆桥架连接螺栓或跨接线缺失，接地不可靠

1. 不符合现象

（1）金属电缆桥架及其支架接地点少于 2 处；

（2）非镀锌电缆桥架间连接板的两端未连接跨接地线；

（3）镀锌电缆桥架间连接板的两端无防松螺帽或防松垫圈；

（4）线槽内的各种连接螺栓的头部与线槽内壁不平齐，敷设线时损坏了导线的绝缘护层；

（5）线槽的安装不平直、不牢固或扭曲变形。

2. 原因分析

（1）对金属电缆桥架及其支架接地的重视不够；

（2）安装过于急躁，忽略了非镀锌电缆桥架间连接板的跨接线；

（3）材料计划不足，镀锌电缆桥架间连接板的配件不齐；

（4）施工没有按规范施工，导致线槽内的各种连接螺栓不规范；

（5）线槽的安装前没定位放线或者材料板材厚度不合格。

3. 相关规范和标准要求

《建筑电气工程施工质量验收规范》（GB 50303—2002，2012 年版）的要求如下：

12.1.1 金属电缆桥架和引入或引出的金属电缆导管必须接地（PE）或接零（PEN）可靠，且必须符合下列规定：

1 金属电缆桥架及其支架全长应不少于 2 处与接地（PE）或接零（PEN）干线相连接；

2 非镀锌电缆桥架间连接板的两端跨接铜芯地线，接地线最小允许截面积不小于 $4mm^2$；

3 镀锌电缆桥架间连接板的两端不跨接接地线，但连接板两端不少于 2 个有防松螺帽或防松垫圈的连接固定螺栓。

14.1.1 金属的导管和线槽必须接地（PE）或接零（PEN）可靠，并符合下列规定：

1 镀锌的钢导管、可挠性导管和金属线槽不得熔焊跨接接地线，以专用接地卡跨接的两卡间连线为铜芯软导线，截面积不小于 $4mm^2$；

2 当非镀锌钢导管采用螺纹连接时，连接处的两端焊跨接接地线；当镀锌钢导管采用螺纹连接时，连接处的两端用专用接地卡固定跨接接地线；

3 金属线槽不作设备的接地导体，当设计无要求时，金属线槽全长不少于 2 处与接地（PE）或接零（PEN）干线连接；

4 非镀锌金属线槽间连接板的两端跨接铜芯接地线，镀锌线槽间连接的两端不跨接接地线，但连接板两端不少于 2 个有防松螺帽或防松垫圈的连接固定螺栓。

14.2.7 线槽应安装牢固，无扭曲变形，紧固件的螺母应在线槽外侧。

说明：线槽内的各种连接螺栓，均要由内向外穿，应尽量使螺栓的头部与线槽内壁平齐，以利敷设，不致敷设线时损坏导线的绝缘护层。

4. 预防措施

（1）金属电缆桥架及其支架全长应不少于 2 处与接地（PE）或接零（PEN）干线相连接；

（2）非镀锌电缆桥架间连接板的两端跨接铜芯地线，接地线最小允许截面积不小于4mm²；

（3）镀锌电缆桥架及线槽间连接板两端应有不少于2个的防松螺帽或防松垫圈来连接固定螺栓；

（4）线槽应安装牢固，无扭曲变形。各种连接螺栓，均要由内向外穿，应尽量使螺栓的头部与线槽内壁平齐，以利敷设，不致敷设线时损坏导线的绝缘护层。紧固件的螺母应在线槽外侧；

（5）重点检查线槽、桥架、封闭母线所用的原材钢板的材质是否符合订货合同的要求，有无用热轧板代替冷轧板现象；

（6）桥架安装要求横平竖直，表面平整，固定可靠，盖板严实，支架排布合理，整齐美观，桥架跨接线规范。

5. 工程实例图片

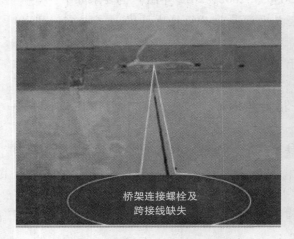

图4.3-1　错误做法：桥架连接螺栓及跨接线缺失

图4.3-2　非镀锌电缆桥架间连接板两端的连接用固定螺栓固定跨接线

图4.3-3　非镀锌电缆桥架间连接板的两端跨接铜芯线

图4.3-4　跨接线与桥架接触处应设置瓜形抓片，以破坏喷塑层形成连贯电气通路

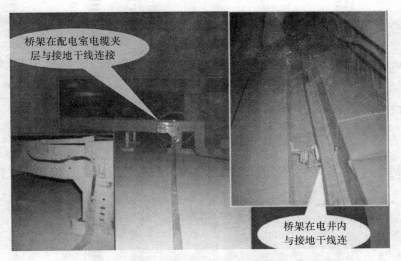

桥架在配电室电缆夹层与接地干线连接

桥架在电井内与接地干线连

图4.3-5 金属电缆桥架及其支架与接地（PE）干线相连接

图4.3-6 桥架本体要加防松垫圈与支架可靠连接，连接处刮掉油漆

图4.3-7 电缆桥架与电管连接采用
专用接头，跨接线连接到位

图4.3-8 梯型桥架吊架采用导线
连接进行接地

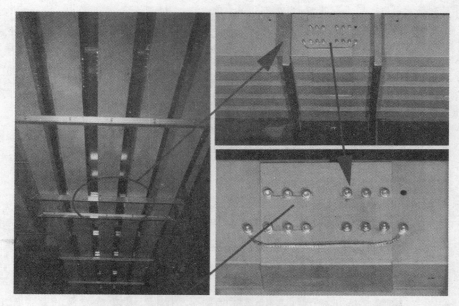

图4.3-9　镀锌电缆桥架间连接板有不少于2个的带防松螺帽或防松垫圈的连接固定螺栓

图4.3-10　梯型桥架的吊架采用扁钢连接接地

图4.3-11　电缆桥架与配电柜连接采用专用接头，跨接线连接到位

4.4　电缆桥架支架设置不合理

1. 不符合现象

（1）支架与预埋件焊接固定时，焊缝饱满；

（2）桥架支架采用膨胀螺栓固定时，选用的螺栓不适配，连接不紧固；

（3）电缆桥架敷设在易燃易爆气体管道和热力管道的下方；

（4）电缆桥架水平安装的支架间距不均匀；

（5）当铝合金桥架与钢支架固定时，相互间绝缘未采取防电化腐蚀措施；

（6）桥架之吊架施工高低不平，桥架不顺直。

2. 原因分析

（1）桥架支架的预埋件焊接固定采用非专业人员施工；

（2）未认真检查桥架与支架间螺栓、桥架连接板螺栓的规格；

（3）电缆桥架施工前未进行现场勘查；

（4）电缆桥架支架安装施工前未进行放线定位，转弯处未加密；

（5）当铝合金桥架与钢支架固定时，对防电化腐蚀措施考虑不周；

（6）桥架之吊架施工未使用水平线放样。

3. 相关规范和标准要求

《建筑电气工程施工质量验收规范》（GB 50303—2002，2012 年版）的要求如下：

12.2.1　电缆桥架安装应符合下列规定：

2　电缆桥架转弯处的弯曲半径，不小于桥架内电缆最小允许弯曲半径，电缆最小允许弯曲半径见表 12.2.1-1；

表 12.2.1-1　电缆最小允许弯曲半径

序号	电缆种类	最小允许弯曲半径
1	无铅包钢铠护套的橡皮绝缘电力电缆	$10D$
2	有钢铠护套的橡皮绝缘电力电缆	$20D$
3	聚氯乙烯绝缘电力电缆	$10D$
4	交联聚氯乙烯绝缘电力电缆	$15D$
5	多芯控制电缆	$10D$

注：D 为电缆外径。

3　当设计无要求时，电缆桥架水平安装的支架间距为 1.5～3m；垂直安装的支架间距不大于 2m；

4　桥架与支架间螺栓、桥架连接板螺栓固定紧固无遗漏，螺母位于桥架外侧；当铝合金桥架与钢支架固定时，有相互间绝缘的防电化腐蚀措施；

5　电缆桥架敷设在易燃易爆气体管道和热力管道的下方，当设计无要求时，与管道的最小净距，符合表 12.2.1-2 的规定；

表 12.2.1-2　与管道的最小净距　　　　　　　　　　　　（m）

管道类别		平行净距	交叉净距
一般工艺管道		0.4	0.3
易燃易爆气体管道		0.5	0.5
热力管道	有保温层	0.5	0.3
	无保温层	1.0	0.5

7　支架与预埋件焊接固定时，焊缝饱满；膨胀螺栓固定时，选用螺栓适配，连接紧固，防松零件齐全。

4. 预防措施

（1）桥架支架的预埋件焊接固定必须采用非专业人员施工，焊缝饱满；膨胀螺栓固定时，选用螺栓适配，连接紧固，防松零件齐全；

（2）认真检查桥架与支架间螺栓、桥架连接板螺栓的规格，桥架与支架间螺栓、桥架连接板螺栓固定紧固无遗漏；

（3）电缆桥架施工前必须进行现场勘查，电缆桥架不应敷设在易燃易爆气体管道和热力管道的下方；

（4）电缆桥架支架安装施工前先进行放线定位，严格按照《建筑电气工程施工质量验收规范》（GB 50303—2002，2012年版）的要求确定桥架转弯半径；

（5）当铝合金桥架与钢支架固定时，必须有相互间绝缘的防电化腐蚀措施；

（6）桥架之吊架施工先进行水平线放样，确保桥架安装整齐、平直。

5. 工程实例图片

图4.4-1　桥架分支处吊架加密

图4.4-2　错误做法：用电焊衔接处生锈及本体孔洞周边生锈

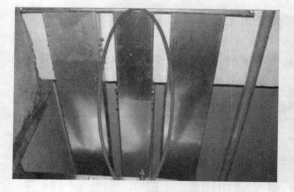

图4.4-3　错误做法：桥架质量阳极处理异常未正确处理

图4.4-4　错误做法：桥架弯头配件表面阳极处理质量异常

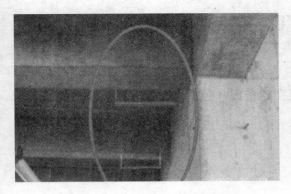 

图 4.4-5　错误做法：桥架之吊架
　　　　　水平垂直位置歪斜

图 4.4-6　错误做法：电缆桥架配线未计算
　　　　　及超过桥架容载负荷

吊杆外露丝扣
不应超过2～3

桥架转弯处支架
设置不合理

图 4.4-7　错误做法：桥架吊杆安装不合理，转弯处支架设置不合理

图 4.4-8　桥架吊杆安装正确做法

图 4.4-9　室外电缆桥架接口处理做法

4.5 电缆桥架电缆孔洞封闭不严密，穿越防火隔墙未做防火封堵

1. 不符合现象

（1）封闭式母线水平穿越防火隔墙或垂直穿越楼板（包括电气竖井内）的所有孔洞未做防火密闭封堵与隔离；

（2）电缆桥架电缆孔洞封闭不严密；

（3）电缆穿过进户管后没有封堵严密。

2. 原因分析

（1）封闭式母线施工完毕后，没有与土建专业配合对所有孔洞进行防火密闭封堵与隔离；

（2）电缆桥架孔洞封堵以后，忽视了桥架内电缆之间的封堵；

（3）电缆穿过进户管后，对导管和桥架之间的连接空隙没有封堵严密。

3. 相关规范和标准要求

《建筑电气工程施工质量验收规范》（GB 50303—2002，2012 年版）的要求如下：

12.2.1 电缆桥架安装应符合下列规定：

6 敷设在竖井内和穿越不同防火区的桥架，按设计要求位置，有防火隔堵措施。

13.2.3 电缆敷设固定应符合下列规定：

5 敷设电缆的电缆沟和竖井，按设计要求位置，有防火墙堵措施。

4. 预防措施

（1）封闭式母线施工完毕后，积极与土建专业配合对所有孔洞进行防火密闭封堵与隔离；

（2）用麻丝和沥青混合物堵封竖井电缆通过的洞口，有室外进户管到地下室时，管口要做防水处理，这些工作需要和土建专业密切配合。堵封后清理干净现场；

（3）导管和桥架安装完后，要严格按照《建筑电气工程施工质量验收规范》（GB 50303—2002，2012 年版）的相关要求验收。

5. 工程实例图片

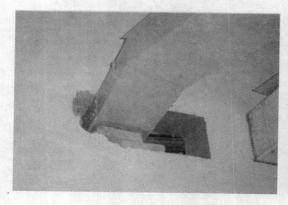
图 4.5-1 错误做法：桥架穿越防火隔墙，
孔洞未做防火封堵

图 4.5-2 电缆桥架垂直穿越楼板孔洞做
防火密闭封堵

图 4.5-3 电缆桥架穿越防火隔墙做防火密闭封堵

图 4.5-4 电缆桥架引上、引下及与设备配电柜连接方法

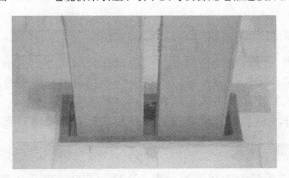

图 4.5-5 两组电缆桥架同时穿越防火隔墙，做防火密闭封堵

图 4.5-6 错误做法：封闭母线穿越防火隔墙未加封堵

图 4.5-7　单组电缆桥架穿越防火隔墙做防火密闭封堵

4.6　多组电缆桥架并列或分层敷设时做法
不规范、电缆出线方法不规范

1. 不符合现象

（1）电缆桥架水平敷设时的距地高度低于 2.5m，垂直敷设时距地高度低于 1.8m；

（2）电缆桥架多层敷设时，其层间距离太小；

（3）当两组或两组以上电缆桥架在同一高度平行敷设时，间距太近；

（4）桥架端头未封堵和接地，电缆引出线方法不规范；

（5）桥架上部距顶棚、楼板或梁等障碍物距离小于 0.3m。

2. 原因分析

（1）各专业施工人员没有协调好，桥架敷设时的距地高度受到其他专业影响；

（2）施工排布不当，导致电缆桥架多层敷设时，其层间距离太小；

（3）为了节省吊架，当两组或两组以上电缆桥架在同一高度平行敷设时，间距太近；

（4）忽视规范要求，桥架端头未封堵和接地，带来安全隐患；

（5）施工前未做好场地规划，桥架布置没有考虑梁等障碍物的影响。

3. 相关规范和标准要求

《建筑电气工程施工质量验收规范》（GB 50303—2002，2012 年版）的要求如下：

12.2.2　桥架内电缆敷设应符合下列规定：

2　电缆出入电缆沟、竖井、建筑物、柜（盘）台处以及管子管口处等做密封处理。

《民用建筑电气设计规范》（JGJ 16—2008）的要求如下：

8.10　电缆桥架布线

8.10.1　电缆桥架布线适用于电缆数量较多或较集中的场所。

8.10.2　在有腐蚀或特别潮湿的场所采用电缆桥架布线时，应根据腐蚀介质的不同采取相应的防护措施，并宜选用塑料护套电缆。

8.10.3　电缆桥架水平敷设时的距地高度不宜低于 2.5m，垂直敷设时距地高度不宜低于 1.8m。除敷设在电气专用房间内外，当不能满足要求时，应加金属盖板保护。

8.10.4 电缆桥架水平敷设时，宜按荷载曲线选取最佳跨距进行支撑，跨距宜为1.5~3m。垂直敷设时，其固定点间距不宜大于2m。

8.10.5 电缆桥架多层敷设时，其层间距离应符合下列规定：

1 电力电缆桥架间不应小于0.3m；

2 电信电缆与电力电缆桥架间不宜小于0.5m，当有屏蔽板时可减少到0.3m；

3 控制电缆桥架间不应小于0.2m；

4 桥架上部距顶棚、楼板或梁等障碍物不宜小于0.3m。

8.10.6 当两组或两组以上电缆桥架在同一高度平行或上下平行敷设时，各相邻电缆桥架间应预留维护、检修距离。

8.10.7 在电缆托盘上可无间距敷设电缆。电缆总截面积与托盘内横断面积的比值，电力电缆不应大于40%；控制电缆不应大于50%。

8.10.12 电缆桥架不得在穿过楼板或墙壁处进行连接。

8.10.14 金属电缆桥架及其支架和引入或引出电缆的金属导管应可靠接地，全长不应少于2处与接地保护导体（PE）相连。

4. 预防措施

（1）为了确保电缆桥架水平敷设和垂直敷设时的距地高度不低于规范要求的最低高度，电气专业施工人员应与其他各专业积极协调配合协调，排除桥架敷设时的距地高度受到其他专业影响；

（2）加强施工组织，电缆桥架多层敷设施工排布时，确保层间距离满足规范要求；

（3）当两组或两组以上电缆桥架在同一高度平行敷设时，各相邻电缆桥架间应预留维护、检修距离；

（4）电缆桥架出入电缆沟、竖井、建筑物、柜（盘）台处以及管子管口处等做密封处理，桥架端头做好封堵；

（5）金属电缆桥架及其支架和引入或引出电缆的金属导管应可靠接地金属电缆桥架及其支架和引入或引出电缆的金属导管应可靠接地；

（6）施工前未做好场地规划和现场踏勘，桥架遇障碍物时做好转弯、上翻弯、下翻弯处理，积极制作和加工准备桥架的各种弯头、转角、倒角材料，确保桥架上部距顶棚、楼板或梁等障碍物距离小于0.3m。

5. 工程实例图片

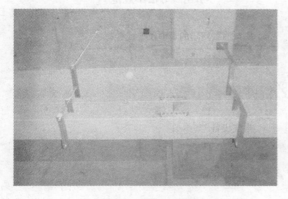

图4.6-1 多层桥架分层平行敷设安装做法

图4.6-2 多层桥架转弯敷设支架做法

图 4.6-3 多层桥架转弯敷设及吊架安装做法

图 4.6-4 多组桥架在同一高度平行敷设安装做法

图 4.6-5 电缆桥架遇障碍下翻安装做法

图 4.6-6 电缆桥架遇障碍上翻处理做法

图 4.6-7 电缆桥架沿墙转弯分层安装做法

图 4.6-8 错误做法：桥架端头未封堵和接地，引出线方法不规范

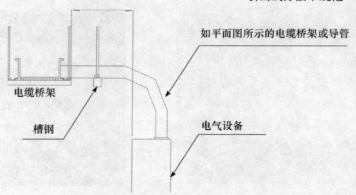

图 4.6-9 配电盘与电缆桥架连接安装做法示意图

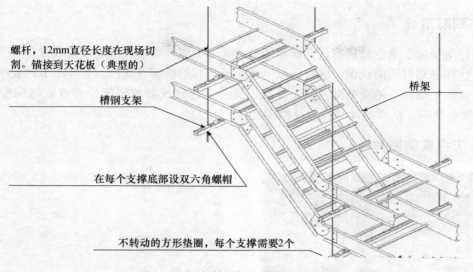

螺杆，12mm直径长度在现场切割。锚接到天花板（典型的）

桥架

槽钢支架

在每个支撑底部设双六角螺帽

不转动的方形垫圈，每个支撑需要2个

图 4.6-10 斜接桥架支撑结构示意图

4.7 电缆桥架跨越建筑变形缝时未做补偿装置

1. 不符合现象

（1）直线段钢制电缆桥架长度超过30m未设置伸缩节；

（2）铝合金或玻璃钢制电缆桥架长度超过15m未设置伸缩节；

（3）电缆桥架跨越建筑物变形缝处未设置补偿装置。

2. 原因分析

（1）电缆施工单位订货时未考虑伸缩节；

（2）施工人员不注意区分钢制电缆桥架与其他桥架直线段设置伸缩节的要求；

（3）施工前未做好场地踏勘，也不熟悉图纸，没有考虑建筑物的温度伸缩缝或结构变形缝的位置。

3. 相关规范和标准要求

《建筑电气工程施工质量验收规范》（GB 50303—2002，2012年版）的要求如下：

12.2.1 电缆桥架安装应符合下列规定：

1 直线段钢制电缆架长度超过30m、铝合金或玻璃钢制电缆桥架长度超过15m设有伸缩节；电缆桥架跨越建筑物变形缝处设置补偿装置；

《民用建筑电气设计规范》（JGJ 16—2008）的要求如下：

8.10 电缆桥架布线

8.10.13 钢制电缆桥架直线段长度超过30m、铝合金或玻璃钢制电缆桥架长度超过15m时，宜设置伸缩节。电缆桥架跨越建筑物变形缝处，应设置补偿装置。

4. 预防措施

（1）电缆施工单位订货前认真研读图纸，充分考虑伸缩节设置的位置和数量；

（2）加强对材质的认识，区分钢制电缆桥架与其他桥架直线段设置伸缩节的要求；

（3）施工前做好场地踏勘，熟悉图纸，充分考虑建筑物的温度伸缩缝或结构变形缝对电缆桥架的影响，认真统计并设置补偿装置。

5. 工程实例图片

 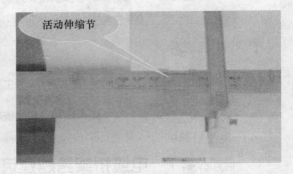

图 4.7-1　电缆桥架跨越建筑变形缝处　　　　图 4.7-2　直线段钢制电缆桥架长度超过 30m、
　　　　　设置补偿装置　　　　　　　　　　　　　　　　设有伸缩节

第五章　照明器具安装

5.1　灯具成排安装时高低不一、排列不整齐

1. 不符合现象

(1) 灯位安装偏位，不在中心点上；

(2) 成排灯具的水平度、直线度偏差较大，高低不一、排列不整齐；

(3) 吊链日光灯链条不平行，引下的导线未编叉；

(4) 天花吊顶的筒灯开孔不均匀，排列不整齐。

2. 原因分析

(1) 预埋灯盒时位置不对，有偏差，安装灯具时没有采取补救措施；

(2) 施工人员责任心不强，对现行的施工及验收规范、质量检验评定标准不熟悉；

(3) 采购员购买灯具时贪图便宜，罔顾质量；

(4) 筒灯开孔时没有定好尺寸位置、圆孔直径不统一等。

3. 相关规范和标准要求

《建筑电气工程施工质量验收规范》（GB 50303—2002，2012 年版）的要求如下：

19.1.5　当设计无要求时，灯具的安装高度和使用电压等级应符合下列规定：

1　一般敞开式灯具，灯头对地面距离不小于下列数值（采用安全电压时除外）：

1）室外：2.5m（室外墙上安装）；

2）厂房：2.5m；

3）室内：2m；

4）软吊线带升降器的灯具在吊线展开后：0.8m。

2　危险性较大及特殊危险场所，当灯具距地面高度小于2.4m 时，使用额定电压为36V 及以下的照明灯具，或有专用保护措施。

说明：在建筑电气照明工程中，灯具的安装位置和高度，以及根据不同场所采用的电压等级，通常由施工设计确定，施工时应严格按设计要求执行。本条仅作设计的补充。

4. 预防措施

(1) 灯具安装应在吊顶施工前在符合图纸和规范要求的前提下，作精心策划和统一布置，灯具、喷头、探头等均与天花居中或对称布置。大面积灯具、喷头等做到了"横成排、竖成行、斜成线"，烟感、喷淋和灯具点缀其中，错落有致，排列整齐，与吊顶整体协调美

观；安装单个灯具前，应认真找准中心点，及时纠正偏差；

（2）按规范要求，成排灯具安装的偏差不应大于5mm，因此，在施工中需要拉线定位，使灯具在纵向、横向、斜向以及主同低水平均为一直线；

（3）日光灯的吊链应相互平直，不得出现八字型，导线引下应与吊链编叉在一起；

（4）天花吊顶的筒灯开孔要先定好坐标，除要求平直，整齐和均等外，开孔的大小要符合筒灯的规格，不得太大，以保证筒灯安装时外圈牢固地紧贴吊顶，不露缝隙；

（5）灯具安装应根据图纸要求排列布置预埋接线盒，并严格控制灯具安装高度统一；当多组预埋的接线盒位置不整齐或存在偏差时，应对灯具固定位置进行调整。

5. 工程实例图片

图5.1-1　错误做法：吊顶上灯具和其他设施安装排布杂乱

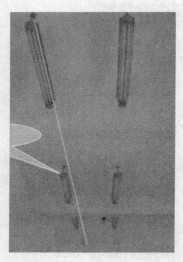

图5.1-2　错误做法：吊顶上灯具安装不成排

图5.1-3　灯具布置排列整齐、其他设施布置错落有致，协调美观

图 5.1-4　灯具居中布置、其他设施布置错落有致　　　　图 5.1-5　灯具成排布置：排列整齐、间距均匀

图 5.1-6　灯具成排布置时，高低一致、排列整齐，统一按最低点调整了吊链的长度

图 5.1-7　当天棚下管道设施错综复杂时，灯具采用两侧对称成排布置

5.2 灯具接线安装不符合要求

1. 不符合现象

(1) 灯座至灯具的吊线过长或过短；

(2) 引向每个灯具的导线线芯偏细；

(3) 灯具及配件不齐全，或外观有缺陷；

(4) 灯具接线端子与线路连接未采用压接方式；

(5) 引向灯具的配管过短或未采用软管连接。

2. 原因分析

(1) 没有认真确定灯座至灯具的吊线长度；

(2) 责任心不强，对现行的施工及验收规范、质量检验评定标准不熟悉，导致每个灯具的导线线芯偏细；

(3) 采购人员贪图便宜或验货不仔细；

(4) 贪图方便或轻视灯具接线方式的重要性；

(5) 引向灯具的配管未按规定进行选取。

3. 相关规范和标准要求

《建筑电气工程施工质量验收规范》（GB 50303—2002，2012 年版）的要求如下：

19.1.5 当设计无要求时，灯具的安装高度和使用电压等级应符合下列规定：

1 一般敞开式灯具，灯头对地面距离不小于下列数值（采用安全电压时除外）：

1) 室外：2.5m（室外墙上安装）；

2) 厂房：2.5m；

3) 室内：2m；

4) 软吊线带升降器的灯具在吊线展开后：0.8m。

19.2.1 引向每个灯具的导线线芯最小截面积应符合表19.2.1的规定。

表 19.2.1 导线线芯最小截面积 （mm²）

灯具安装的场所及用途		线芯最小截面积		
		铜芯软线	铜线	铝线
灯头线	民用建筑室内	0.5	0.5	2.5
	工业建筑室内	0.5	1.0	2.5
	室外	1.0	1.0	2.5

说明：为保证电线能承受一定的机械应力和可靠地安全运行，根据不同使用场所和电线种类，规定了引向灯具的电线最小允许芯线截面积。由于制造电线的标准已采用IEC227标准，因此仅对有关规范规定的非推荐性标称截面积作了修正，如 0.4mm² 改为 0.5mm²；0.8mm² 改为 1.0mm²。

19.2.2 灯具的外形、灯头及其接线应符合下列规定：

1 灯具及配件齐全，无机械损伤、变形、涂层剥落和灯罩破裂等缺陷；

2 软线吊灯的软线两端做保护扣，两端芯线搪锡；当装升降器时，套塑料软管，采用安全灯头；

    3   除敞开式灯具外，其他各类灯具灯泡容量在100W及以上者采用瓷质灯头；

    4   连接灯具的软线盘扣、搪锡压线，当采用螺口灯头时，相线接于螺口灯头中间的端子上；

    5   灯头的绝缘外壳无破损和漏电；带有开关的灯头，开关手柄无裸露的金属部分。

4. 预防措施

（1）严格控制灯具的安装高度和接线长度；

（2）严格按照规范选取引至灯具的导线线芯最小截面积；

（3）严格灯具进场验收，检查灯具及配件是否齐全，有无机械损伤、变形、涂层剥落和灯罩破裂等缺陷；检查为不合格的灯具不能进场；

（4）软线吊灯的软线两端做保护扣，两端芯线搪锡；当装升降器时，套塑料软管，采用安全灯头；

（5）除敞开式灯具外，其他各类灯具灯泡容量在100W及以上者采用瓷质灯头；

（6）连接灯具的软线盘扣、搪锡压线，当采用螺口灯头时，相线接于螺口灯头中间的端子上；

（7）检查灯具灯头的绝缘外壳有无破损和漏电；带有开关的灯头，开关手柄有无裸露的金属部分。检查为不合格的灯具不能进场。

5. 工程实例图片

图 5.2-1　错误做法：软线接头与灯具接线端子未压接，且导线外露

图 5.2-2　错误做法：照明灯具与配管接口未进行固定

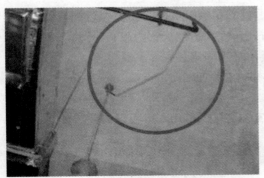

图 5.2-3　错误做法：照明灯具线路配管未依规范要求进行固定

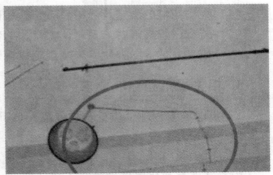

图 5.2-4　错误做法：链吊式灯具所配线路未保护，随意敷设

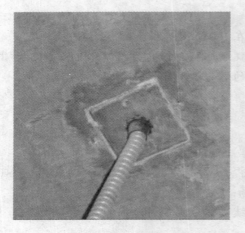 

图 5.2-5　引向灯具的配管采用软管且　　　　　图 5.2-6　引向灯具的配管转换合理
接口密封处理

5.3　灯具安装固定不符合要求

1. 不符合现象

（1）灯具重量大于 3kg，时，未固定在螺栓或预埋吊钩上；

（2）灯具固定不牢固、不可靠；

（3）花灯吊钩圆钢直径偏小、变形；

（4）大型花灯的固定及悬吊装置有松动现象；

（5）装有白炽灯泡的吸顶灯具，灯泡与灯罩间距过近；

（6）灯具直接安装在吊顶龙骨上。

2. 原因分析

（1）对大型灯具重量估计不足，未预留螺栓或未预埋吊钩；

（2）施工人员偷工减料，未按灯具安装要求设置灯具固定点；

（3）施工人员责任心不够，未按规定设置花灯吊钩；

（4）大型花灯的固定及悬吊装置，安装前未按灯具重量的 2 倍进行过载试验；

（5）装有白炽灯泡时未及时调整灯头的位置和角度，造成火灾隐患；

（6）施工人员贪图方便，未按规定设置灯具吊杆和固定装置。

3. 相关规范和标准要求

《建筑电气工程施工质量验收规范》（GB 50303—2002，2012 年版）的要求如下：

19　普通灯具安装

19.1　主控项目

19.1.1　灯具的固定应符合下列规定：

1　灯具重量大于 3kg，时，固定在螺栓或预埋吊钩上；

2　软线吊灯，灯具重要在0.5kg及以下时，采用软电线自身吊装；大于0.5kg的灯具采用吊链，且软电线编叉在吊链内，使电线不受力；

3　灯具固定牢固可靠，不使用木楔。每个灯具固定用螺钉或螺栓不少于2个；当绝缘台直径在75mm及以下时，采用1个螺钉或螺栓固定。

19.1.2　花灯吊钩圆钢直径不应小于灯具挂销直径，且不应小于6mm。大型花灯的固定及悬吊装置，应按灯具重量的2倍做过载试验。

19.1.3　当钢管做灯杆时，钢管内径不应小于10mm，钢管厚度不应小于1.5mm。

19.1.4　固定灯具带电部件的绝缘材料以及提供防触电保护的绝缘材料，应耐燃烧和防明火。

19.2.4　装有白炽灯泡的吸顶灯具，灯泡不应紧贴灯罩；当灯泡与绝缘台间距离小于5mm时，灯泡与绝缘台间应采取隔热措施。

说明：白炽灯泡发热量较大，离绝缘台过近，不管绝缘台是木质的还是塑料制成的，均会因过热而易烤焦或老化，导致燃烧，故应在灯泡与绝缘台间设置隔热阻燃制品，如石棉布等。

19.2.5　安装在重要场所的大型灯具的玻璃罩，应采取防止玻璃罩碎裂后向下溅落的措施。

4. 预防措施

（1）安装大型灯具前，应认真参照灯具技术资料数据，根据灯具重量预留螺栓或预埋吊钩；

（2）吸顶灯具及壁装灯具的安装应严格按照灯具技术资料的要求设置固定点；

（3）花灯吊钩圆钢直径不应小于灯具挂销直径，且不应小于6mm；

（4）大型花灯的固定及悬吊装置，安装前应按灯具重量的2倍进行过载试验；

（5）装有白炽灯泡的吸顶灯具，灯泡不应紧贴灯罩；

（6）在吊顶上安装灯具时应按规定设置灯具吊杆和固定装置。

5. 工程实例图片

图5.3-1　错误做法：柔性导管的长度大于1.2m

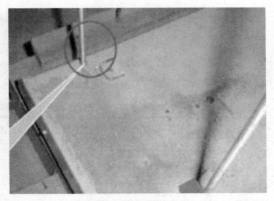
图5.3-2　嵌入吊顶棚上的格栅荧光灯的固定设置了专用吊杆

图 5.3-3　在灯具安装前对固定及悬吊装置应按灯具重量的 2 倍做过载试验

5.4　防爆灯具安装不符合要求

1. 不符合现象

（1）防爆灯具的防爆标志、外壳防护等级标志不全；

（2）防爆灯具及开关安装不牢固可靠；

（3）防爆灯具外壳不完整，有损伤。

2. 原因分析

（1）产品运输过程没注意保护防爆灯具各种标志；

（2）防爆灯具及开关安装没有严格按照相关规范执行；

（3）防爆灯具的运输、安装过程没有注意成品外观保护。

3. 相关规范和标准要求

《建筑电气工程施工质量验收规范》（GB 50303—2002，2012 年版）的要求如下：

20.1.5　防爆灯具安装应符合下列规定：

1　灯具的防爆标志、外壳防护等级和温度组别与爆炸危险环境相适配。当设计无要求时，灯具种类和防爆结构的选型应符合表 20.1.5 的规定；

表 20.1.5　灯具种类和防爆结构的选型

爆炸危险区域防爆结构照明设备种类	Ⅰ区		Ⅱ区	
	隔爆型 d	增安型 e	隔爆型 d	增安型 e
固定式灯	○	×	○	○
移动式灯	△	—	○	—
携带式电池灯	○	—	○	—
镇流器	○	△	○	○

注：○为适用；△为慎用；×为不适用。

2 灯具配套齐全，不用非防爆零件替代灯具配件（金属护网、灯罩、接线盒等）；

3 灯具的安装位置离开释放源，且不在各种管道的泄压口及排放口上下方安装灯具；

4 灯具及开关安装牢固可靠，灯具吊管及开关与线盒螺纹啮合扣数不少于5扣，螺纹加工光滑、完整、无锈蚀，并在螺纹上涂以电力复合酯或导电性防锈酯；

5 开关安装位置便于操作，安装高度1.3m。

说明：防爆灯具的安装主要是严格按图纸规定选用规格型号，且不混淆，更不能非防爆产品替。各泄放口上下方不得安装灯具，主要因为泄放时有气体冲击，会损坏防爆灯具，如管道放出的是爆炸性气体，更加危险。

20.2.4 防爆灯具安装应符合下列规定：

1 灯具及开关的外壳完整，无损伤、无凹陷或沟槽，灯罩裂纹，金属护网无扭曲变形，防爆标志清晰；

2 灯具及开关的紧固螺栓无松动、锈蚀，密封垫圈完好。

4. 预防措施

（1）安装灯具前，认真核对灯具的防爆标志、外壳防护等级和温度组别与爆炸危险环境相适配；

（2）确保防爆灯具配套齐全，不用非防爆零件替代灯具配件（金属护网、灯罩、接线盒等）；

（3）确保防爆灯具及开关安装牢固可靠，灯具吊管及开关与线盒螺纹啮合扣数不少于5扣，螺纹加工光滑、完整、无锈蚀，并在螺纹上涂以电力复合酯或导电性防锈酯；

（4）确保防爆灯具及开关的外壳完整，无损伤、无凹陷或沟槽，灯罩裂纹，金属护网无扭曲变形，防爆标志清晰；

（5）防爆灯具及开关的紧固螺栓应防锈蚀处理，并确保密封垫圈完好。

5. 工程实例图片

图 5.4-1 防爆灯具及开关安装牢固可靠

图 5.4-2 防爆灯具配件外壳完整无损伤、防爆标志清晰

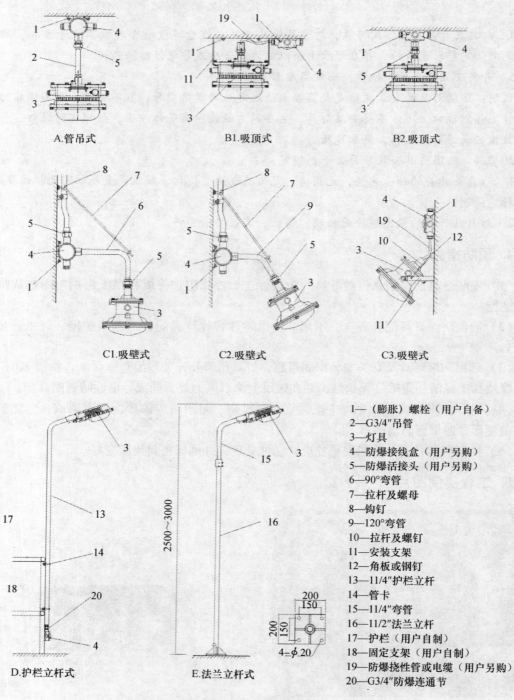

A.管吊式　　　　　B1.吸顶式　　　　　B2.吸顶式

C1.吸壁式　　　　　C2.吸壁式　　　　　C3.吸壁式

D.护栏立杆式　　　　　E.法兰立杆式

1—（膨胀）螺栓（用户自备）
2—G3/4″吊管
3—灯具
4—防爆接线盒（用户另购）
5—防爆活接头（用户另购）
6—90°弯管
7—拉杆及螺母
8—钩钉
9—120°弯管
10—拉杆及螺钉
11—安装支架
12—角板或钢钉
13—11/4″护栏立杆
14—管卡
15—11/4″弯管
16—11/2″法兰立杆
17—护栏（用户自制）
18—固定支架（用户自制）
19—防爆挠性管或电缆（用户另购）
20—G3/4″防爆连通节

图 5.4-3　防爆灯具几种常见的安装方式示意图

86

5.5 特殊场所及专用灯具选择不正确或安装不符合要求

1. 不符合现象

（1）灯具选择与安装环境不符合，有安全隐患；

（2）防水灯具配套的固定支架和紧固件锈蚀；

（3）部分加工车间内的灯具表面出现腐蚀斑、油漆脱落；

（4）高温场所的灯具灯罩出现炸裂现象；

（5）室外堆场灯具灰尘覆盖太厚、环境昏暗不清；

（6）锻锤车间的灯具出现个别脱落、下坠现象；

（7）大型公共场所花灯的个别组件破碎后直接落在地面上，有安全隐患；

（8）洁净车间的灯具不方便擦拭、不洁净；

（9）紫光灯具设置不合理或控制不合理；

（10）个别施工人员贪图方便，将白炽灯泡或碘钨灯直接挂在木龙骨上照明；

（11）游泳池、水景水池安装的水下灯具的无等电位联结，水下灯具未采用绝缘导管；

（12）应急照明灯安装不合格。

2. 原因分析

（1）安装灯具前未认真熟悉图纸和安装环境，不了解相关规范要求；

（2）在潮湿的场所的灯具及其配套的固定支架和紧固件未经过防水、防腐蚀处理；

（3）在有腐蚀性气体或蒸汽的场所灯具的各部分未采取防腐蚀或防水措施；

（4）在高温场所未采用散热性能好、耐高温的灯具；

（5）在有尘埃的场所未按防尘的相应防护等级选择适宜的灯具并安装；

（6）在装有锻锤、大型桥式吊车等振动、摆动较大场所使用的灯具未采取防振和防脱落措施；

（7）在易受机械损伤、光源自行脱落可能造成人员伤害或财物损失的场所使用的灯具未采取防护措施；

（8）在有洁净要求的场所未采用不易积尘、易于擦拭的洁净灯具；

（9）在需防止紫外线照射的场所未采用隔紫灯具或无紫光源；

（10）直接安装在可燃材料表面的灯具未采用专用的灯具；

（11）游泳池和类似场所灯具（水下灯及防水灯具）的等电位联结措施和漏电保护装置不到位；

（12）应急照明灯安装和调试未按照相关消防规范执行。

3. 相关规范和标准要求

《建筑电气工程施工质量验收规范》（GB 50303—2002，2012 年版）的要求如下：

20 专用灯具安装

20.1.1 36V 及以下行灯变压器和行灯安装必须符合下列规定：

1　行灯电压不大于36V，在特殊潮湿场所或导电良好地面上以及工作地点狭窄、行动不便的场所行灯电压不大于12V；

2　变压器外壳、铁芯和低压侧的任意一端或中性点，接地（PE）或接零（PEN）可靠；

3　行灯变压器为双圈变压器，其电源侧和负荷侧有熔断器保护，熔丝额定电流分别不应大于变压器一次、二次的额定电流；

4　行灯灯体及手柄绝缘良好，坚固耐热潮湿；灯头与灯体结合紧固，灯头无开关，灯泡外部有金属保护网、反光罩及悬吊挂钩，挂钩固定在灯具的绝缘手柄上。

说明：在建筑电气工程中，除在有些特殊场所，如电梯井道底坑、技术层的某些部位为检修安全而设置固定的低压照明电源外，大都是作工具用的移动便携式低压电源和灯具。

双圈的行灯变压器次级线圈只要有一点接地或接零即可箝制电压，在任何情况下不会超过安全电压，即使初级线圈因漏电而窜入次级线圈时也能得到有效保护。

20.1.2　游泳池和类似场所灯具（水下灯及防水灯具）的等电位联结应可靠，且有明确标识，其电源的专用漏电保护装置应全部检测合格。自电源引入灯具的导管必须采用绝缘导管，严禁采用金属或有金属护层的导管。

说明：采用何种安全防护措施，由施工设计确定，但施工时要依据已确定的防护措施按本规范规定执行。

20.1.3　手术台无影灯安装应符合下列规定：

1　固定灯座的螺栓数量不少于灯具法兰底座上的固定孔数，且螺栓直径与底座孔径相适配；螺栓采用双螺母锁固；

2　在混凝土结构上螺栓与主筋相焊接或将螺栓末端弯曲与主筋绑扎锚固；

3　配电箱内装有专用的总开关及分路开关，电源分别接在两条专用的回路上，开关至灯具的电线采用额定电压不低于750V的铜芯多股绝缘电线。

说明：手术台上无影灯重量较大，使用中根据需要经常调节移动，子母式的更是如此，所以其固定和防松是安装的关键。它的供电方式由设计选定，通常由双回路引向灯具，而其专用控制箱由多个电源供电，以确保供电绝对可靠，施工中要注意多电源的识别和连接，如有应急直流供电的话要区别标识。

20.1.4　应急照明灯具安装应符合下列规定：

1　应急照明灯的电源除正常电源外，另有一路电源供电；或者是独立于正常电源的柴油发电机组供电；或由蓄电池柜供电或选用自带电源型应急灯具；

2　应急照明在正常电源断电后，电源转换时间为：疏散照明≤1.5s（金属商店交易所≤1.5s）；安全照明≤0.5s；

3　疏散照明由安全出口标志灯和疏散标志灯组成。安全出口标志灯距地高度不低于2m，且安装在疏散出口和楼梯口里侧的上方；

4　疏散标志灯安装在安全出口的顶部，楼梯间、疏散走道及其转角处应安装在1m以下的墙面上。不易安装的部位可安装在上部。疏散通道上的标志灯间距不大于20m（人防工程不大于10m）；

5　疏散标志灯的设置，不影响正常通行，且不在其周围设置容易混同疏散标志灯的其他标志牌等；

6　应急照明灯具、运行中温度大于60℃的灯具，当靠近可燃物时，采取隔热、散热等防火措施。当采用白炽灯，卤钨灯等光源时，不直接安装在可燃装修材料或可燃物件上；

7　应急照明线路在每个防火分区有独立的应急照明回路，穿越不同防火分区的线路有防火隔堵措施；

8　疏散照明线路采用耐火电线、电缆，穿管明敷或在非燃烧体内穿刚性导管暗敷，暗敷保护层厚度不小于30mm。电线采用额定电压不低于750V的铜芯绝缘电线。

20.2.1　36V及以下行灯变压器和行灯安装应符合下列规定：

1　行灯变压器的固定支架牢固，油漆完整；

2　携带式局部照明灯电线采用橡套软线。

20.2.2　手术台无影灯安装应符合下列规定：

1　底座紧贴顶板，四周无缝隙；

2　表面保持整洁、无污染，灯具镀、涂层完整无划伤。

20.2.3　应急照明灯具安装应符合下列规定：

1　疏散照明采用荧光灯或白炽灯；安全照明采用卤钨灯，或采用瞬时可靠点燃的荧光灯；

2　安全出口标志灯和疏散标志灯装有玻璃或非燃材料的保护罩，面板亮度均匀度为1:10（最低:最高），保护罩应完整、无裂纹。

4. 预防措施

（1）安装灯具前，应认真熟悉图纸和安装环境，充分了解相关规范要求；

（2）在潮湿的场所，应采用相应防护等级的防水灯具或带防水灯头的开敞式灯具，与其配套的固定支架和紧固件必须经过防水、腐蚀处理；

（3）在有腐蚀性气体或蒸汽的场所，采用防腐蚀密闭式灯具。若采用开敞式灯具，各部分应有防腐蚀或防水措施；

（4）在高温场所，宜采用散热性能好、耐高温的灯具；

（5）在有尘埃的场所，应按防尘的相应防护等级选择适宜的灯具并安装；

（6）在装有锻锤、大型桥式吊车等振动、摆动较大场所使用的灯具，应有防振和防脱落措施；

（7）在易受机械损伤、光源自行脱落可能造成人员伤害或财物损失的场所使用的灯具，应有防护措施；

（8）在有洁净要求的场所，应采用不易积尘、易于擦拭的洁净灯具；

（9）在需防止紫外线照射的场所，应采用隔紫灯具或无紫光源；

（10）直接安装在可燃材料表面的灯具，应采用标有F标志的灯具；

（11）游泳池和类似场所灯具（水下灯及防水灯具）的等电位联结应可靠，且有明确标识，其电源的专用漏电保护装置应全部检测合格；

（12）应急照明灯安装和调试严格按照相关消防规范执行。

5. 工程实例图片

图 5.5-1 出于安全和维修考虑，灯具安装避开配电设备正上方

5.6 室外灯具安装不符合要求

1. 不符合现象

（1）灯杆掉漆、生锈、松动。

（2）接地安装不符合要求，甚至没有接地线。

（3）灯罩太薄，易破损、脱落。

（4）草坪灯、地灯的灯泡瓦数太大，使用时灯罩温度过高，易烫伤人；或者灯罩边角锋利易割伤人。

（5）在人行道等人员来往密集场所安装的落地式投光灯具，无围栏防护。

2. 原因分析

（1）购买灯具时没有严格要求；防锈层没有做好。

（2）灯罩的玻璃或塑料强度不够；固定灯座的螺栓不相符，难以固定。

（3）设计时只考虑照度，疏忽了可能会对行人、特别是小孩触摸时造成伤害。

（4）施工人员不认真执行规范，忽视接地对人身安全的重要性。

3. 相关规范和标准要求

《建筑电气工程施工质量验收规范》（GB 50303—2002，2012 年版）的要求如下：

21 建筑物景观照明灯、航空障碍标志灯和庭院灯安装

21.1.1 建筑物彩灯安装应符合下列规定：

1 建筑物顶部彩灯采用有防雨性能的专用灯具，灯罩要拧紧；

2 彩灯配线管路按明配管敷设，且有防雨功能。管路间、管路与灯头盒间螺纹连接，金属导管及彩灯的构架、钢索等可接近裸露导体接地（PE）或接零（PEN）可靠；

3 垂直彩灯悬挂挑臂采用不小于10#的槽钢。端部吊挂钢索用的吊钩螺栓直径不小于10mm，螺栓在槽钢上固定，两侧有螺帽，且加平垫及弹簧垫圈紧固；

4 悬挂钢丝绳直径不小于4.5mm，底把圆钢直径不小于16mm，地锚采用架空外线用拉线盘，埋设深度大于1.5m；

5 垂直彩灯采用防水吊线灯头，下端灯头距离地面高于3m。

21.1.2 无霓虹灯安装应符合下列规定：

1 霓虹灯管完好，无破裂；

2 灯管采用专用的绝缘支架固定，且牢固可靠。灯管固定后，与建筑物、构筑物表面的距离不小于20mm；

3 霓虹灯专用变压用双圈式，所供灯管长度不大于允许负载长度，露天安装的有防雨措施；

4 霓虹灯专用变压二次电线和灯管间的连接线采用额定电压大于15kV的高压绝缘电线。二次电线与建筑物、构筑物表面的距离不小于20mm。

21.1.3 建筑物景观照明灯具安装应符合下列规定：

1 每套灯具的导电部分对地绝缘电阻值大于2MΩ；

2 在人行道等人员来往密集场所安装的落地式灯具，无围栏防护时安装高度距地面2.5m以上；

3 金属构架和灯具的可接近裸露导体及金属软管的接地（PE）或接零（PEN）可靠，且有标识。

21.1.4 航空障碍标志灯安装应符合下列规定：

1 灯具装设在建筑物或构筑物的最高部位。当最高部位平面面积较大或为建筑群时，除在最高端装设外，还在其外侧转角的顶端分别装设灯具；

2 当灯具在烟囱顶上装设时，安装在低于烟囱口1.5~3m的部位且呈正三角形水平排列；

3 灯具的选型根据安装高度决定；低光强的（距地面60m以下装设时采用）为红色光，其有效光强大于1600cd。高光强的（距地面150m以上装设时采用）为白色光，有效光强随背景亮度而定；

4 灯具的电源按主体建筑中最高负荷等级要求供电；

5 灯具安装牢固可靠，且设置维修和更换光源的措施。

说明：应急疏散照明是当建筑物处于特殊情况下，如火灾、空袭、市电供电中断等，使建筑物的某些关键位置的照明器具仍能持续工作，并有效指导人群安全撤离，所以是至关重要的。本条所述各项规定虽然应在施工设计中按有关规范作出明确要求，但是均为实际施工中应认真执行的条款，有的还需施工终结时给予试验和检测，以确认是否达到预期的功能要求。

21.1.5 庭院灯安装应符合下列规定：

1 每套灯具的导电部分对地绝缘电阻值大于2MΩ；

2 立柱式路灯、落地式路灯、特种园艺灯等灯具与基础固定可靠，地脚螺栓备帽齐全。

灯具的接线盒或熔断器盒，盒盖的防水密封垫完整；

3 金属立柱及灯具可接近裸露导体接地（PE）或接零（PEN）可靠。接地线单设干线，干线沿庭院灯布置位置形成环网状，且不少于2处与接地装置引出线连接。由干线引出支线与金属灯柱及灯具的接地端子连接，且有标识。

21.2 一般项目

21.2.1 建筑物彩灯安装应符合下列规定：

1 建筑物顶部彩灯灯罩完整，无碎裂；

2 彩灯电线导管防腐完好，敷设平整、顺直。

21.2.2 霓虹灯安装应符合下列规定：

1 当霓虹灯变压器明装时，高度不小于3m；低于3m采取防护措施；

2 霓虹灯变压器的安装位置方便检修，且隐蔽在不易被非检修人触及的场所，不装在吊平顶内；

3 当橱窗内装有霓虹灯时，橱窗门与霓虹灯变压器一次侧开关有联锁装置，确保开门不接通霓虹灯变压器的电源；

4 霓虹灯变压二次侧的电线采用玻璃制品绝缘支持物固定，支持点距离不大于下列数值：

水平线段：0.5m；

垂直线段：0.75m。

21.2.3 建筑物景观照明灯具构架应固定可靠，地脚螺栓拧紧，备帽齐全；灯具的螺栓紧固、无遗漏。灯具外露的电线或电缆应有柔性金属导管保护；

21.2.4 航空障碍标志灯安装应符合下列规定：

1 同一建筑物或建筑群灯具间的水平、垂直距离不大于45m；

2 灯具的自动通、断电源控制装置动作准确。

21.2.5 庭院灯安装应符合下列规定：

1 灯具的自动通、断电源控制装置动作准确，每套灯具熔断器盒内熔丝齐全，规格与灯具适配；

2 架空线路电杆上的路灯，固定可靠，紧固件齐全、拧紧，灯位正确；每套灯具配有熔断器保护。

4. 预防措施

（1）选用合格的灯具，特别是针对沿海潮湿天气，一定要选用较好的防锈灯杆；灯罩无论是塑料或者玻璃，均应具有较强的抗台风强度；

（2）草坪灯、地灯一般追求的是点缀效果，在设计及选型时应考虑到大功率的白炽所产生的温度的影响。有关方面的数据表明，灯炮表面温度，60W可达137~180℃，100W的可达170~216℃，所以，在低矮和保护罩狭小的地灯、草坪灯安装60W以上的灯泡，极易使保护罩温度过高而烫伤人。另外，一些草坪灯为了选型别致，边角太过锋利，也易伤及喜欢触摸的小孩这种事故益田村发生过几次；

（3）接地事关人命，路灯、草坪灯、庭园灯和地灯必须有良好的接地；灯杆的接地极必须焊接牢靠，接头处搪锡，路灯电源的PE保护线与灯杆接地极连接时必须用弹簧垫片压顶后再拧上螺母；

（4）在人行道等人员来往密集场所安装的落地式灯具应加设围栏防护。

5. 工程实例图片

图 5.6-1　错误做法：路灯基座螺丝头未做防锈保护处理

图 5.6-2　落地式景观照明灯具钢柱内设有专用接地螺栓，接地可靠且有标识

图 5.6-3　室外大型立柱式路灯安装：
　　　　　采用汽车吊安装

图 5.6-4　室外立柱式路灯安装：灯杆定位与调整

图 5.6-5　室外立柱式路灯安装：灯杆垂直度调整　　　图 5.6-6　室外路灯灯具安装：采用专用升降车辆

第六章　开关、插座盒和面板、风扇安装

6.1　吊扇吊钩用螺纹钢加工，成型差、吊扇接线盒外露

1. 不符合现象

（1）吊扇的吊钩成型差、外观粗糙；

（2）吊扇的接线盒外露；

（3）吊扇扇叶距地高度小于 2.5m；

（4）同一室内并列安装的吊扇开关高度不一致；

（5）吊扇运转时扇叶有明显颤动和异常声响。

2. 原因分析

（1）预埋吊扇的吊钩时没有牢靠固定，模板胀模，安装时坐标不准确；

（2）施工人员责任心不强，对电器的使用安全重要性认识不足，贪图方便；

（3）没有严格按照规范要求控制叶片距地高度，调整吊杆长度；

（4）安装前没有仔细观察场地，对梁或其他影响因素考虑不足；

（5）吊扇固定不可靠或安装不平整、叶片固定不牢靠。

3. 相关规范和标准要求

《建筑电气工程施工质量验收规范》（GB 50303—2002，2012 年版）的要求如下：

22.1.5　吊扇安装应符合下列规定：

1　吊扇挂钩安装牢固，吊扇挂钩的直径不小于吊扇挂销直径，且不小于 8mm；有防振橡胶垫；挂销的防松零件齐全、可靠；

2　吊扇扇叶距地高度不小于 2.5m；

3　吊扇组装不改变扇叶角度，扇叶固定螺栓防松等零件齐全；

4　吊杆间、吊杆与电机间螺纹连接，啮合长度不小于 20mm，且防松零件齐全紧固；

5　吊扇接线正确，当运转时扇叶无明显颤动和异常声响。

22.1.6　壁扇安装应符合下列规定：

1　壁扇底座采用尼龙塞或膨胀螺栓固定；尼龙塞或膨胀螺栓的数量不少于 2 个，且直径不小于 8mm。固定牢固可靠；

2　壁扇防护罩扣紧，固定可靠，当运转时扇叶和防护罩无明显颤动和异常声响。

22.2.3 吊扇安装应符合下列规定：

1 涂层完整，表面无划痕、无污染，吊杆上下扣碗安装牢固到位；

2 同一室内并列安装的吊扇开关高度一致，且控制有序不错位。

22.2.4 壁扇安装应符合下列规定：

1 壁扇下侧边缘距地面高度不小于1.8m；

2 涂层完整，表面无划痕、无污染，防护罩无变形。

4. 预防措施

（1）与土建专业密切配合，准确牢靠预埋吊扇的吊钩，安装时坐标准确。预埋吊扇挂钩时，应用不小于φ8的镀锌圆钢与板内的钢筋固定在一起，不准采用螺纹钢，吊钩加工成型应一致，且刷防锈漆。

（2）加强管理监督，确保接线正确、外观整齐，无外露线头。吊扇的钟罩能够吸顶且将吊钩和接线盒遮住。

（3）严格按照规范要求控制吊扇叶片距地高度，吊扇扇叶距地高度不小于2.5m，当不满足时应及时调整吊杆长度。

（4）安装前应仔细观察场地，对梁或其他影响因素考虑充足，确保同一室内并列安装的吊扇开关高度一致，且控制有序不错位。成排的吊扇应成一直线，偏差≤5mm。

（5）吊杆间、吊杆与电机间螺纹连接，啮合长度不小于20mm，叶片固定可靠、平整；各部分连接处防松零件齐全紧固；有防振橡胶垫；挂销的防松零件齐全、可靠。

图6.1-1 错误做法：吊扇接线盒未封堵

5. 工程实例图片

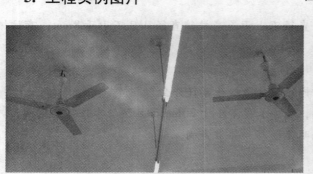

图6.1-2 错误做法：吊扇吊钩预留过长

图6.1-3 错误做法：吊扇线路未加保护

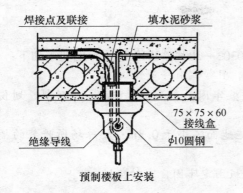
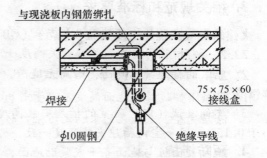

预制楼板上安装

现浇楼板上安装

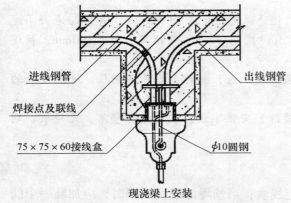

现浇梁上安装

吊扇技术数据

吊扇型号	规格 (mm)	电压 (V)	功率 (W)	频率 (Hz)	调速挡	质量 (kg)
FC3-30	1400	200/220	85	50	5	10.8
FC3-20	1200	200/220	75	50	5	10
FC3-10	900	220	50	50	5	6

图 6.1-4　吊扇预埋挂钩及进线盒做法示意图

6.2　线盒预埋太深、标高不一

1. 不符合现象

（1）线盒预埋太深或太浅，导致面板与墙体间有缝隙；

（2）线盒留有砂浆杂物；

（3）混凝土内暗埋的金属接线盒未做防锈处理；

（4）墙面开关盒孔洞预留未到位，封闭不严实；

（5）配线管与进盒处连接未用专用锁紧接头，连接不牢；

（6）预埋墙面开关暗盒未固定牢靠，导致线盒成活不正、高低不平。

2. 原因分析

（1）线盒预埋控制措施不力，浇注混凝土时跑模；

（2）线盒交工验收没认真清理杂物；

（3）施工人员责任心不强，未按工序做好防锈处理；

（4）墙面开关盒孔洞处理不到位，施工验收不严格；

（5）配线管与进盒处接头处理未按规范要求；

（6）施工人员对预埋暗盒过程控制不到位。

3. 相关规范和标准要求

《建筑电气工程施工质量验收规范》（GB 50303—2002，2012 年版）的要求如下：

22.2　一般项目

2　暗装的插座紧贴墙面，四周无缝隙，安装牢固，表面光滑整洁、无碎裂、划伤，装饰帽齐全；

3　车间及试（实）验室的插座安装高度距地面不小于 0.3m；特殊场所暗装的插座不小于 0.15m；同一室内插座安装高度一致；

4　地插座面板与地面齐平或紧贴地面，盖板固定牢固，密封良好。

22.2.2　照明开关安装应符合下列规定：

1　开关安装位置便于操作，开关边缘距门框边缘的距离 0.15～0.2m，开关距地面高度 1.3m；拉线开关距地面高度 2～3m，层高小于 3m 时，拉线开关距顶板不小于 100mm，拉线出口垂直向下；

2　相同型号并列安装及同一室内开关安装高度一致，且控制有序不错位。并列安装的拉线开关的相邻间距不小于 20mm；

3　暗装的开关面板应紧贴墙面，四周无缝隙，安装牢固，表面光滑整洁、无碎裂、划伤，装饰帽齐全。

4. 预防措施

（1）与土建专业密切配合，准确牢靠固定线盒；当预埋的线盒过深时，应加装一个线盒。安装面板时要横平竖直，应用水平仪调校水平，保证安装高度的统一。另外，安装面板后要饱满补缝，不允许留有缝隙，做好面板的清洁保护；

（2）线盒交工验收应认真清理杂物；

（3）混凝土内暗埋的金属接线盒做好防锈处理；

（4）认真处理墙面开关盒孔洞，做好固定措施，确保线盒预埋方正、平齐。

5. 工程实例图片

图 6.2-1　配电间内墙体上预埋的接线盒高度一致、标识清晰明确

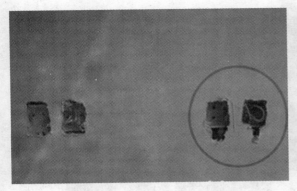

图 6.2-2　错误做法：墙面开关盒孔洞预留
　　　　　未到位，造成后续需修补

图 6.2-3　开关插座盒在墙体内预埋
　　　　　时应控制盒体标高

图 6.2-4　开关插座盒在墙体内预埋
　　　　　时应拉线统一盒体标高

图 6.2-5　墙体预埋的插座盒应预先控制好
　　　　　间距，避免过深或过浅

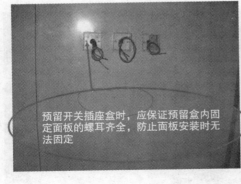

预留开关插座盒时，应保证预留盒内固
定面板的螺耳齐全，防止面板安装时无
法固定

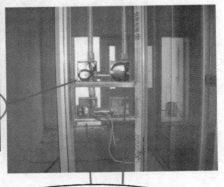

龙骨内预留盒应设固定支撑

图 6.2-6　轻质墙体预埋接线盒应做好支撑固定

石膏板墙内所有接线盒单独设立支撑，固定在主龙骨上

图 6.2-7　轻质墙体上预埋接线盒的固定采取了专门独立支撑

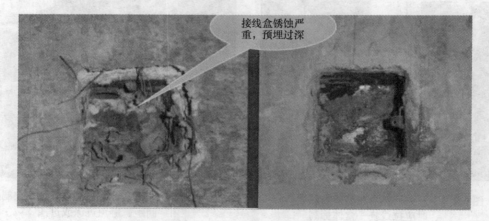

接线盒锈蚀严重，预埋过深

图 6.2-8　错误做法：暗埋金属接线盒未做防锈处理、预埋过深

1～1.5cm 间隙

用专用锁紧接头

图 6.2-9　暗配电线管与接线盒连接采用专用锁紧接头安装

图 6.2-10　错误做法：线盒预埋太深，导致接线盒盖内陷

6.3　开关插座安装高度和间距不符合要求

1. 不符合现象

（1）相同型号照明开关、风机盘管调速开关或插座在同一室内安装高度不一；

（2）同一标高安装的开关或插座相邻间距不一致；

（3）开关、插座距地高度不符合规范要求；

（4）暗装的开关面板安装不牢固。

2. 原因分析

（1）预埋线盒时没有统一放线控制标高；

（2）施工人员责任心不强，贪图方便，没有及时更正预埋盒的偏差；

（3）开关、插座安装高度没有按照地面成活面进行控制标高；

（4）特殊情况场所的插座安装高度没有按规范执行。

3. 相关规范和标准要求

《建筑电气工程施工质量验收规范》（GB 50303—2002，2012 年版）的要求如下：

22.2　一般项目

1　当不采用安全型插座时，托儿所、幼儿园及小学等活动场所安装高度不小于 1.8m；

2　暗装的插座紧贴墙面，四周无缝隙，安装牢固，表面光滑整洁、无碎裂、划伤，装饰帽齐全；

3　车间及试（实）验室的插座安装高度距地面不小于 0.3m；特殊场所暗装的插座不小于 0.15m；同一室内插座安装高度一致。

22.2.2　照明开关安装应符合下列规定：

1　开关安装位置便于操作，开关边缘距门框边缘的距离 0.15～0.2m，开关距地面高度 1.3m；拉线开关距地面高度 2～3m，层高小于 3m 时，拉线开关距顶板不小于 100mm，拉线出口垂直向下；

101

2 相同型号并列安装及同一室内开关安装高度一致，且控制有序不错位。并列安装的拉线开关的相邻间距不小于20mm；

3 暗装的开关面板应紧贴墙面，四周无缝隙，安装牢固，表面光滑整洁、无碎裂、划伤，装饰帽齐全。

22.1.3 特殊情况下插座安装应符合下列规定：

1 当接插有触电危险家用电器的电源时，采用能断开电源的带开关插座，开关断开相线；

2 潮湿场所采用密封型并带保护地线触头的保护型插座，安装高度不低于1.5m。

4. 预防措施

（1）安装面板时要横平竖直，应用水平仪调校水平，保证安装高度的统一；

（2）加强施工人员责任心教育，及时更正预埋盒的偏差，确保同一标高安装的开关或插座相邻间距一致，排列整齐美观；

（3）开关、插座安装高度应该按照地面成活面进行控制标高；

（4）暗装的开关面板应紧贴墙面，四周无缝隙，安装牢固，表面光滑整洁、装饰帽齐全。

5. 工程实例图片

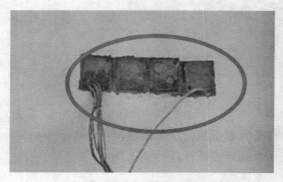

图 6.3-1 错误做法：电气预埋接线盒
之间间距过小、高低不齐

图 6.3-2 并列安装的不同型号开关
安装高度一致、排列整齐

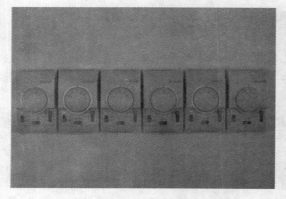

图 6.3-3 相同型号开关并列安装，
高度一致、间距均匀

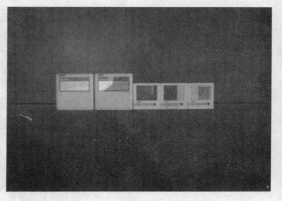

图 6.3-4 并列安装的同型号开关安装
高度一致、排列整齐

图 6.3-5　暗装的开关面板紧贴墙面，四周无缝隙、安装牢固、表面光滑整洁

6.4　开关插座选型不符合要求

1. 不符合现象

（1）开关、插座标志不全或不清晰；

（2）采用的插座型号及规格与设计不符；

（3）开关、插座 3C 认证不全；

（4）开关、插座内的铜片太薄，插座间隙过大。

2. 原因分析

（1）材料采购及进场验收不严，导致标志不全或不清晰的开关、插座标志进入；

（2）施工人员责任心不强，采用的插座型号及规格与设计不符；

（3）材料采购贪图便宜，采购了3C认证不全的开关、插座；

（4）材料采购及进场验收不严，开关、插座以次充好。

3. 相关规范和标准要求

（1）国家标准：GB 16915.1—2003

《家用和类似用途固定式电气装置的开关 第1部分：通用要求》（摘录）

8. 标志

8.1 开关应标出如下标志：

额定电流、额定电压、电源性质的符号、制造厂或销售商的名称、商标或识别标志、型号（可以是产品目录编号）、小间隙结构的符号（有此结构时）、防有害进水的保护等级（有此等级时）。

8.3 开关应标出的标志，应标在开关的主要部位上。

8.4 连接相线（电源导线）的接线端子要有识别标记。这种端子应以字母 L 作识别标记。如果这种端子不止一个，则应分别以字母 L1，L2，L3 等来识别。而且这些字母可各附带一个箭头，来指出其相应的端子。

8.5 中性线专用接线端子应标出字母 N。

8.9 标志应经久耐用，清晰明了。

（2）国家标准：GB 2099.1—2008

《家用和类似用途插头插座 第1部分：通用要求》（摘录）

8. 标志

8.1 电器附件应有如下标志：

额定电流（A）、额定电压（V）、电源性质的符号、生产厂或销售商的名称、商标或识别标志、型号（可以是产品目录编号）、对外来固体物浸入的防护等级高于IP2X的防护等级符号、防有害进水的防护等级的符号（如适用），在这种情况下，即使对外来固体物的浸入的防护等级不高于IP2X也应标出。

8.3 对固定式插座，下列标志应标在主要部件上：

额定电流、额定电压和电源性质的标志、生产厂或销售商的名称、商标或识别标记；导线插入无螺纹端子之前应剥去的绝缘长度、型号，可以是目录号。

8.5 中性线专用端子应标出字母 N。

经久耐用，清晰可辨。

4. 预防措施

（1）材料采购及进场验收应严格按照国家现行规范和标准进行；

（2）施工人员应认真按照图纸提出材料计划，确保采用的插座型号及规格与设计相符；

（3）为了确保质量，材料进场验收应注意下列几点：

1）材质证明资料必须齐全：

①生产厂家的生产许可证。

②产品合格证。

③必须具有国家认证认可监督管理委员会指定的认证机构颁发的认证证书（"中国强制认证"、"CCC"），并在认证有效期内。

④应有国家指定检测部门出据的"定型试验"检验报告（带有 CMA 标志），并查看是否在有效期内。

2）认真检查各项资料是否符合国家标准的要求；

3）实物检查：

①开关、插座上是否按国标要求具有正确的标志；

②开关的开启、关断是否灵活；

③铜片是否太薄，弹性是否适度，插座插接点的间隙是否紧密。

4）认真办理开关验收手续。

5. 工程实例图片

图 6.4-1　插座规格型号及出厂日期明确、
　　　　　认证标志齐全、字迹清晰

图 6.4-2　插座内部铜片应厚度均匀、弹性
　　　　　适度、插接点的间隙紧密

6.5　开关、插座接线不符合要求

1. 不符合现象

（1）开关、插座的导线线头裸露，固定螺栓松动，盒内导线余量不足；

（2）开关、插座的相线、零线未按左零右火原则接线，PE 保护线有串接现象；

（3）插座接地（PE）或接零（PEN）线未接在上孔；

（4）同一场所的三相插座，接线的相序不一致。

2. 原因分析

（1）施工人员责任心不强，开关、插座的导线线头处理不当；

（2）施工人员贪图方便、不按规则，随意接线；

（3）插座接线错误，导致插座安装上下颠倒；

（4）施工人员不注意导线颜色相区分，导致三相不平衡。

3. 相关规范和标准要求

《建筑电气工程施工质量验收规范》（GB 50303—2002，2012 年版）的要求如下：

22.1.2　插座接线应符合下列规定：

1　单相两孔插座，面对插座的右孔或上孔与相线连接，左孔或下孔与零线连接；单相三孔插座，面对插座的右孔与相线连接，左孔与零线连接；

2　单相三孔、三相四孔及三相五孔插座接地（PE）或接零（PEN）线接在上孔。插座的接地端子不与零线端子连接。同一场所的三相插座，接线的相序一致。

4. 预防措施

（1）严格执行操作规程，开关、插座的导线线头无裸露，固定螺栓无松动，盒内导线余量适当；

（2）开关接线严格按照说明接线，确保通断位制正确；

（3）插座的相线、零线严格按照左零右火原则接线、PE 保护线无串接现象；

（4）单相三孔、三相四孔及三相五孔插座接地（PE）或接零（PEN）线接在上孔；

（5）同一场所的三相插座接线的相序必须一致。

5. 工程实例图片

图 6.5-1　插座的导线线头剥线采用专用工具且长度适中

106

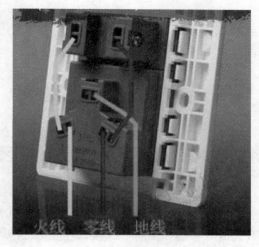
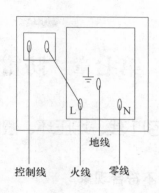

火线　　零线　　地线

地线

控制线　　火线　　零线

图 6.5-2　插座的相线、零线、PE 线接线原则：左零右火，PE 线在上

图 6.5-3　错误做法：墙面固定插座
　　　　　　安装上下颠倒

图 6.5-4　错误做法：墙面固定插座安装
　　　　　　上下颠倒，导致烧毁

第七章　防雷接地与等电位联结装置安装

7.1　引下线、均压环、避雷带搭接处焊接处理不光滑、防腐处理不到位

1. 不符合现象

（1）引下线、均压环、避雷带搭接处有夹渣、焊瘤、虚焊、咬肉、焊缝不饱满等缺陷；

（2）焊渣不敲掉、避雷带上的焊接处不刷防锈漆；

（3）用螺纹钢代替圆钢作搭接钢筋；

（4）直接利用对头焊接的主钢筋作防雷引下线；

（5）避雷线搭接长度不够；

（6）避雷线连接处未进行有效跨接或搭接。

2. 原因分析

（1）操作人员责任心不强，焊接技术不熟练，多数人是电工班里的多面手焊工，对立焊的操作技能差；

（2）施工现场管理人员对国家施工及验收规范有关规定执行力度不够；

（3）没有严格按照规范要求采用搭接焊；

（4）安装操作人员责任心不强或偷工减料。

3. 相关规范和标准要求

《建筑电气工程施工质量验收规范》（GB 50303—2002，2012 年版）的要求如下：

24　接地装置安装

24.2.1　当设计无要求时，接地装置顶面埋设深度不应小于 0.6m。圆钢、角钢及钢管接地极应垂直埋入地下，间距不应小于 5m。接地装置的焊接应采用搭接焊，搭接长度应符合下列规定：

1　扁钢与扁钢搭接为扁钢宽度的 2 倍，不少于三面施焊；

2　圆钢与圆钢搭接为圆钢直径的 6 倍，双面施焊；

3　圆钢与扁钢搭接为圆钢直径的 6 倍，双面施焊；

4　扁钢与钢管，扁钢与角钢焊接，紧贴角钢外侧两面，或紧贴 3/4 钢管表面，上下两侧施焊；

5　除埋设在混凝土中的焊接接头外，有防腐措施。

25　避雷引下线与变配电室接地干线敷设

25.2.1　钢制接地线的焊接连接应符合本规范第 24.2.1 条的规定，材料采用及最小允许规格、尺寸应符合本规范第 24.2.2 条的规定。

26 接闪器安装

26.2.1 避雷针、避雷带应位置正确，焊接固定的焊缝饱满无遗漏，螺栓固定的应备帽等防松零件齐全，焊接部分补刷的防腐油漆完整。

《电气装置安装工程接地装置施工及验收规范》（GB 50169—2006）的要求与《建筑电气工程施工质量验收规范》（GB 50303—2002，2012 年版）的要求一致。

4. 预防措施

（1）加强对焊工的技能培训，要求做到搭接焊处焊缝饱满、平整均匀，特别是对立焊、仰焊等难度较高的焊接进行培训；

（2）加强管理监督，增强管理人员和焊工的责任心，及时补焊不合格的焊缝，并及时敲掉焊渣，刷防锈漆；

（3）严格按照《电气装置安装工程接地装置施工及验收规范》（GB 50169—2006）及《建筑电气工程施工质量验收规范》（GB 50303—2002，2012 年版）规定，避雷引下线的连接为搭接焊接，搭接长度为圆钢直径的 6 倍，因此，不允许用螺纹钢代替圆钢作搭接钢筋。另外，作为引下线的主钢筋土建如是对头碰焊的，应在碰焊处按规定补搭接圆钢；

（4）钢制接地线的焊接连接所采用的材料规格、尺寸必须符合《建筑电气工程施工质量验收规范》（GB 50303—2002，2012 年版）第 24.2.2 条的规定。

5. 工程实例图片

图 7.1-1 错误做法：防雷带圆钢施工处孔洞松动未填塞、现场污秽

图 7.1-2 错误做法：防雷带圆钢焊接处未涂镀锌漆

图 7.1-3 错误做法：接地镀锌扁钢电焊接续处焊渣未敲除

图 7.1-4 错误做法：柱内引下线焊接处未清除焊渣及防锈

图 7.1-5　错误做法：避雷线搭接长度不够

图 7.1-6　错误做法：避雷引下线未采用双面焊

图 7.1-7　避雷带支架安装位置准确，
　　　　　间距均匀，固定牢固

图 7.1-8　避雷带水平弯曲半径合理、
　　　　　顺畅，固定牢固、垂直

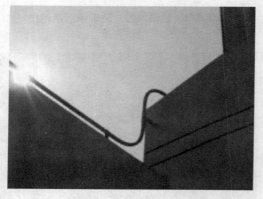

图 7.1-9　避雷带垂直敷设弯曲半径正确、
　　　　　顺畅，固定牢固、垂直

图 7.1-10　镀锌钢管避雷带跨接线连接：
　　　　　 采用两面环焊

110

图 7.1-11 钢管避雷带跨接线：采用剖开一半的套管与避雷线绑焊

图 7.1-12 避雷带跨越建筑物变形缝处理方法：设补偿装置

图 7.1-13 避雷带与引下线连接可靠、标识清楚

图 7.1-14 特制避雷带支架：采用卡箍式特制支架，安装简便，美观实用

7.2 突出屋面的金属构筑物未做防雷接地保护

1. 不符合现象

（1）建筑物突出屋面的金属物体未与防雷引下线可靠相连；

（2）高出屋面避雷带的非金属物，如玻璃钢水箱、塑料排水透气管等超出防雷保护范围。

2. 原因分析

（1）未按设计图纸要求和规范要求施工；

（2）施工现场施工人员认为屋面的避雷针及避雷网的保护范围已经足够，忽略了突出屋面的金属物防雷接地保护；

（3）施工现场施工人员错误地认为只有高出屋面的金属物才需要与屋面避雷装置连接，而非金属物不是导体，不会传电，因而不会遭受雷击。

3. 相关规范和标准要求

《建筑电气工程施工质量验收规范》（GB 50303—2002，2012 年版）的要求如下：

26 接闪器安装

26.1.1 建筑物顶部的避雷针、避雷带等必须与顶部外露的其他金属物体连成一个整体的电气通路，且与避雷引下线连接可靠。

说明：形成等电位，可防静电危害。与现行国家标准《电气装置安装工程接地装置施工及验收规范》（GB 50169—2006）的规定相一致。

《建筑物防雷设计规范》（GB 50057—2010）的要求如下：

4.3.2 突出屋面的放散管、风管、烟囱等物体，应按下列方式保护：

1 排放爆炸危险气体、蒸汽或粉尘的放散管、呼吸阀、排风管等管道应符合本规范第 4.2.1 条第 2 款的规定。

2 排放无爆炸危险气体、蒸汽或粉尘的放散管、烟囱，1 区、21 区、2 区、22 区爆炸危险场所的自然通风管，0 区、20 区爆炸危险场所的装有阻火器的放散管、呼吸阀、排风管，以及本规范第 4.2.1 条第 3 款所规定的管、阀及天然气放散管等，其防雷保护应符合以下规定：

1）金属物体可不装接闪器，但应和屋面防雷装置相连。

2）除符合本规范第 4.5.7 条的规定外，在屋面接闪器保护范围之外的非金属物体应装接闪器，并应和屋面防雷装置相连。

4.4.2 突出屋面的物体的保护措施应符合本规范第 4.3.2 条的规定。

4. 预防措施

（1）屋面敷设的金属管道及安装的设备应该严格按照《建筑电气工程施工质量验收规范》（GB 50303—2002，2012 年版）规定，做好防雷接地保护；

（2）高出屋面避雷带的非金属物，如玻璃钢水箱、塑料排水透气管等应增设避雷针，并和屋面防雷引下线可靠连接，避雷针的高度应保证被保护物在其防雷保护范围；

（3）建筑物上的避雷针或防雷金属网应和建筑物顶部的其他金属物体连接成一个整体。

5. 工程实例图片

图 7.2-1　高出屋面避雷带的非金属物应增设避雷针保护

图 7.2-2　大面积高出屋面避雷带的金属管道及安装的设备增设避雷针保护

图 7.2-3　错误做法：引下线未与突出的金属物焊接　　图 7.2-4　金属扶手与屋面防雷装置可靠连接

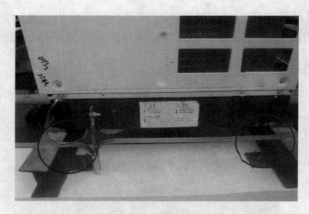

图 7.2-5　屋面安装的设备的基础与防雷装置可靠连接

7.3　接地装置设置不合理

1. 不符合现象

（1）测试接地装置的接地电阻值不符合设计要求；

（2）接地装置的焊接未采用搭接焊或搭接长度不够；

（3）接地装置防腐措施不到位。

2. 原因分析

（1）操作人员责任心不强，没有按照现场地质条件采取必要的降阻措施；

（2）施工现场施工管理人员对接地装置的焊接没按有关规范规定执行；

（3）安装操作人员责任心不强或偷工减料。

3. 相关规范和标准要求

《建筑电气工程施工质量验收规范》（GB 50303—2002，2012 年版）的要求如下：

24　接地装置安装

24.1　主控项目

24.1.1　人工接地装置或利用建筑物基础钢筋的接地装置必须在地面以上按设计要求位置设测试点。

24.1.2　测试接地装置的接地电阻值必须符合设计要求。

24.1.3　防雷接地的人工接地装置的接地干线埋设，经人行通道处理地深度不应小于1m，且应采取均压措施或在其上方铺设卵石或沥青地面。

说明：在施工设计时，一般尽量避免防雷接地干线穿越人行通道，以防止雷击时跨步过高而危及人身安全。

24.1.4　接地模块顶面埋深不应小于 0.6m，接地模块间距不应小于模块长度的 3～5倍。接地模块埋设基坑，一般为模块外形尺寸的 1.2～1.4 倍，且在开挖深度内详细记录地层情况。

24.1.5　接地模块应垂直或水平就位，不应倾斜设置，保持与原土层接触良好。

24.2　一般项目

24.2.1　当设计无要求时，接地装置顶面埋设深度不应小于0.6m。圆钢、角钢及钢管接地极应垂直埋入地下，间距不应小于5m。接地装置的焊接应采用搭接焊，搭接长度应符合下列规定：

1　扁钢与扁钢搭接为扁钢宽度的2倍，不少于三面施焊；

2　圆钢与圆钢搭接为圆钢直径的6倍，双面施焊；

3　圆钢与扁钢搭接为圆钢直径的6倍，双面施焊；

4　扁钢与钢管，扁钢与角钢焊接，紧贴角钢外侧两面，或紧贴3/4钢管表面，上下两侧施焊；

5　除埋设在混凝土中的焊接接头外，有防腐措施。

24.2.2　当设计无要求时，接地装置的材料采用为钢材，热浸镀锌处理，最小允许规格、尺寸应符合表24.2.2的规定。

表24.2.2　最小允许规格、尺寸

种类、规格及单位		敷设位置及使用类别			
		地上		地下	
		室内	室外	交流电流回路	直流电流回路
圆钢直径（mm）		6	8	10	12
扁钢	截面（mm^2）	60	100	100	100
	厚度（mm）	3	4	4	6
角钢厚度（mm）		2	2.5	4	6
钢管管壁厚度（mm）		2.5	2.5	3.5	4.5

说明：热浸镀锌层厚，抗腐蚀，有较长的使用寿命，材料使用的最小允许规格的规定与现行国家标准《电气装置安装工程接地装置施工及验收规范》GB 50169相一致。但不能作为施工中选择接地体的依据，选择的依据是施工设计，但施工设计也不应选择比最小允许规格还小的规格。

24.2.3　接地模块应集中引线，用干线把接地模块并联焊接成一个环路，干线的材质与接地模块焊接点的材质应相同，钢制的采用热浸镀锌扁钢，引出线不少于2处。

4. 预防措施

（1）自然基础接地体安装

1）利用底板钢筋或深基础做接地体：按设计图尺寸位置要求，标好位置，将底板钢筋搭接焊好，再将柱主筋（不少于2根）底部与底板筋搭接焊，并在室外地面以下将主筋焊接连接板，清除药皮，并将两根主筋用色漆做好标记，以便引出和检查。

2）利用柱形桩基及平台钢筋做接地体：按设计图尺寸位置，找好桩基组数位置。把每组桩基四角钢筋搭接封焊，再与柱主筋（不少于2根）焊好，并在室外地面以下，将主筋焊接预埋接地连接板，清除药皮，并将两根主筋用色漆做好标记，便于引出和检查。

（2）人工接地体安装

1）接地体加工：根据设计要求的数量、材料、规格进行加工，材料一般采用钢管和角钢切割，长度不应小于2.5m。如采用钢管打入地下应根据土质加工成一定的形状，遇松软土壤时，可切成斜面形，为了避免打入时受力不均使管子歪斜，也可以加工成扁尖形；遇土质很硬时，可将尖端加工成圆锥形。如选用角钢时，应采用不小于40mm×40mm×4mm的角钢，切割长度不应小于2.5m，角钢的一端应加工成尖头形状。

2）沟槽开挖：根据设计图要求，对接地体（网）的线路进行测量弹线，在此线路上挖掘深为0.8~1m，宽为0.5m的沟槽，沟顶部稍宽，底部渐窄，沟底如有石子应清除。

3）安装接地体（极）：沟槽开挖后应立即安装接地体和敷设接地扁钢，防止土方倒塌。先将接地体放在沟槽的中心线上，打入地下。一般采用大锤打入，一人扶着接地体，一人用大锤敲打接地体顶部。使用大锤敲打接地体时要平稳，锤击接地体正中，不得打偏，应与地面保持垂直，当接地体顶端距离地面600mm时停止打入。

4）接地体间扁钢敷设：扁钢敷设前应调直，然后将扁钢放置于沟内，依次将扁钢与接地体用电（气）焊焊接。扁钢应侧放而不可放平，侧放时散流电阻较小。扁钢与钢管连接的位置距接地体最高点约100mm。焊接时应将扁钢拉直，焊后清除药皮，刷沥青做防腐处理，并将接地线引出至需要的位置，留有足够的连接长度，以待使用。

5. 工程实例图片

图7.3-1 焊接完成后刷防腐漆

图7.3-2 电气接地主筋的焊接预埋

7.4 设备外壳和设备基础接地措施欠缺

1. 不符合现象

(1) 设备金属外壳接地电阻不符合设计要求；

(2) 利用金属软管进行设备外壳接地，造成安全隐患；

(3) 用电设备基础接地不符合设计要求；

(4) 不间断电源输出端的中性线（N 线）未进行重复接地；

(5) 发电机中性线（工作零线）未进行重复接地。

2. 原因分析

(1) 设备金属外壳接地方法不当或防腐处理不到位；

(2) 安装人员贪图方便；

(3) 没有严格按照规范对用电设备基础接地；

(4) 忽视不间断电源输出端的中性线（N 线）进行重复接地的重要性；

(5) 忽视发电机中性线（工作零线）进行重复接地的重要性。

3. 相关规范和标准要求

《建筑电气工程施工质量验收规范》（GB 50303—2002，2012 年版）的要求如下：

7.1.1　电动机、电加热器及电动执行机构的可接近裸露导体必须接地（PE）或接零（PEN）。

说明：建筑电气的低压动力工程采用何种供电系统，由设计选定，但可接近的裸露导体（即原规范中的非带电金属部分）必须接地或接零，以确保使用安全。

7.1.2　电动机、电加热器及电动执行机构绝缘电阻值应大于 $0.5M\Omega$。

8.1.4　发电机中性线（工作零线）应与接地干线直接连接，螺栓防松零件齐全，且有标识。

8.2.2　发电机本体和机械部分的可接近裸露导体应接地（PE）或接零（PEN）可靠，且有标识。

9.2.3　不间断电源装置的可接近裸露导体应接地（PE）或接零（PEN）可靠，且有标识。

4. 预防措施

(1) 设备金属外壳及金属底座必须可靠接地，防腐处理及时到位；

(2) 电动机、电加热器及电动执行机构的可接近裸露导体必须接地（PE）或接零（PEN）；

(3) 电动机、电加热器及电动执行机构绝缘电阻值应大于 $0.5M\Omega$；

(4) 不间断电源输出端的中性线（N 线）应进行重复接地；

(5) 发电机中性线（工作零线）应进行重复接地；

(6) 利用就近的金属钢导管和接地干线与设备金属外壳及设备基础接地，防止漏电事故。

5. 工程实例图片

图 7.4-1　水泵接地：基础接地扁钢
与水泵基础和外壳连接

图 7.4-2　屋面不锈钢接地：外壳、管道
与接地装置连接

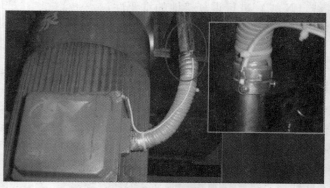

图 7.4-3　设备金属外壳及设备基础接地：
采用接地导线专用接头跨接

图 7.4-4　电梯设备外壳接地

图 7.4-5　电梯基础槽钢接地

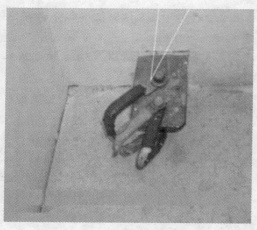

图 7.4-6　不间断电源输出端的中性线
（N线）进行重复接地

7.5 接地干线设置不合理

1. 不符合现象

(1) 接地干线与接地装置的连接少于2处；
(2) 金属构件、金属管道做接地线时与接地干线间未焊接金属跨接线；
(3) 接地干线的支持件间距不均匀；
(4) 接地线在穿越墙壁、楼板和地坪处未加保护套管；
(5) 当接地线跨越建筑物变形缝时未设补偿装置；
(6) 接地线表面未涂黄色和绿色相间的条纹。

2. 原因分析

(1) 操作人员责任心不强，未按设计要求设置接地干线与接地装置的连接点；
(2) 施工现场施工管理人员监管不力；
(3) 没有严格按照规范要求设置接地干线支持件；
(4) 安装操作人员责任心不强或偷工减料；
(5) 现场情况不够熟悉，对建筑物变形缝重视不够；
(6) 没按规范要求设置接地干线专用标志。

3. 相关规范和标准要求

《建筑电气工程施工质量验收规范》（GB 50303—2002，2012年版）的要求如下：

25 避雷引下线与变配电室接地干线敷设

25.1.2 变压器室、高低开关室内的接地干线应有不少于2处与接地装置引出干线连接。

说明：为保证供电系统接地可靠和故障电流的流散畅通，故作此规定。

25.1.3 当利用金属构件、金属管道做接地线时，应在构件或管道与接地干线间焊接金属跨接线。

25.2 一般项目

25.2.1 钢制接地线的焊接连接应符合本规范第24.2.1条的规定，材料采用及最小允许规格、尺寸应符合本规范第24.2.2条的规定。

25.2.2 明敷接地引下线及室内接地干线的支持件间距应均匀，水平直线部分0.5～1.5m；垂直直线部分1.5～3m；弯曲部分0.3～0.5m。

说明：明敷接地引下线的间距均匀是观感的需要，规定间距的数值是考虑受力和可靠，使线路能顺直；要注意同一条线路的间距均匀一致，可以在给定的数值范围选取一个定值。

25.2.3 接地线在穿越墙壁、楼板和地坪处应加套钢管或其他坚固的保护套管，钢套管应与接地线做电气连通。

说明：保护管的作用是避免引下线受到意外冲击而损坏或脱落。钢保护管要与引下线做电气连通，可使雷电泄放电流以最小阻抗向接地装置泄放，不连通的钢管则如一个短路环一样，套在引下线外部，互抗存在，泄放电流受阻，引下线电压升高，易产生反击现象。

25.2.4 变配电室内明敷接地干线安装应符合下列规定：

1 便于检查，敷设位置不妨碍设备的拆卸与检修；

2 当沿建筑物墙壁水平敷设时，距地面高度 250～300mm；与建筑物墙壁间的间隙 10～15mm；

3 当接地线跨越建筑物变形缝时，设补偿装置；

4 接地线表面沿长度方向，每段为 15～100mm，分别涂以黄色和绿色相间的条纹；

5 变压器室、高压配电室的接地干线上应设置不少于 2 个供临时接地用的接线柱或接地螺栓。

4. 预防措施

（1）变压器室、高低开关室内的接地干线应有不少于 2 处与接地装置引出干线连接；

（2）当利用金属构件、金属管道做接地线时，应在构件或管道与接地干线间焊接金属跨接线；

（3）明敷接地引下线及室内接地干线的支持件间距应均匀，水平直线部分 0.5～1.5m；垂直直线部分 1.5～3m；弯曲部分 0.3～0.5m；

（4）接地线在穿越墙壁、楼板和地坪处应加套钢管或其他坚固的保护套管，钢套管应与接地线做电气连通；

（5）当接地线跨越建筑物变形缝时，设补偿装置；

（6）接地线表面沿长度方向，每段为 15～100mm，分别涂以黄色和绿色相间的条纹。

5. 工程实例图片

图 7.5-1 变配电室内的接地干线应有不少于 2 处与接地装置引出干线连接

图 7.5-2　接地干线涂刷双色（绿黄）
　　　　相间的条纹标示

图 7.5-3　接地干线过门处进行跨接线处理

7.6　等电位联结线截面不符合要求

1. 不符合现象

（1）建筑物等电位联结支线间串联连接；

（2）等电位联结的线路截面不合格；

（3）需等电位联结未采用专用接线螺栓与等电位联结支线连接；

（4）装有澡盆和淋浴盆的场所未进行辅助等电位联结。

2. 原因分析

（1）操作人员责任心不强，建筑物等电位联结支线没有点对点联结；

（2）施工现场施工管理员对规范执行力度不够，等电位联结的线路截面随便选取；

（3）未采购专用接线螺栓；

（4）施工现场人员对规范执行力度不够，贪图方便未做辅助等电位联结。

3. 相关规范和标准要求

《建筑电气工程施工质量验收规范》（GB 50303—2002，2012 年版）的要求如下：

27　建筑物等电位联结

27.1　主控项目

27.1.1　建筑物等电位联结干线应从与接地装置有不少于 2 处直接连接的接地干线或总等电位箱引出，等电位联结干线或局部等电位箱间的连接线形成环形网络，环形网络应就近与等电位联结干线或局部等电位箱连接。支线间不应串联连接。

说明：建筑物是否需要等电位联结、哪些部位或设施需等电位联结、等电位联结干线或等电位箱的布置均应由施工设计来确定。本规范仅对等电位联结施工中应遵守的事项作出规定。主旨是连接可靠合理，不因某个设施的检修而使等电位联结系统开断。

27.1.2 等电位联结的线路最小允许截面应符合表27.1.2的规定：

表 27.1.2 线路最小允许截面 （mm²）

材料	截面	
	干线	支线
铜	16	6
钢	50	16

27.2 一般项目

27.2.1 等电位联结的可接近裸露导体或其他金属部件、构件与支线连接应可靠。熔焊、钎焊或机械坚固应导通正常。

27.2.2 需等电位联结的高级装修金属部件或零件，应有专用接线螺栓与等电位联结支线连接，且有标识；连接处螺帽紧固、防松零件齐全。

说明：在高级装修的卫生间内，各种金属部件外观华丽，应在内侧设置专用的等电位连接点与暗敷的等电位连接支线连通，这样就不会因乱接而影响观感质量。

《民用建筑电气设计规范》JGJ 16—2008 的要求如下：

12.6.6 等电位联结应符合下列规定：

1 总等电位联结应符合下列规定：

民用建筑物内电气装置应采用总等电位联结。下列导电部分应采用总等电位联结导体可靠连接，并应在进入建筑物处接向总等电位联结端子板：

PE（PEN）干线；电气装置中的接地母线；建筑物内的水管、燃气管、采暖和空调管道等金属管道；可以利用的建筑物金属构件。下列金属部分不得用作保护导体或保护等电位联结导体：

金属水管；含有可燃气体或液体的金属管道；正常使用中承受机械应力的金属结构；柔性金属导管或金属部件；支撑线。

总等电位联结导体的截面不应小于装置的最大保护导体截面的一半，并不应小于6mm²。当联结导体采用铜导体时，其截面不应大于25mm²；当为其他金属时，其截面应承载与25mm²铜导体相当的载流量。

2 辅助（局部）等电位联结应符合下列规定：

1）在一个装置或装置的一部分内，当作用于自动切断供电的间接接触保护不能满足本规范第7.7节规定的条件时，应设置辅助等电位联结；

2）辅助等电位联结应包括固定式设备的所有能同时触及的外露可导电部分和外界可导电部分；

3）连接两个外露可导电部分的辅助等电位导体的截面不应小于接至该两个外露可导电部分的较小保护导体的截面；

4）连接外露可导电部分与外界可导电部分的辅助等电位联结导体的截面，不应小于相应保护导体截面的一半。

122

4. 预防措施

（1）总等电位联结必须遵循以下基本做法：

每个进线配电箱近旁设置总等电位联结端子板（接地母排），将进线配电箱接地干线和引入建筑物的各类金属管道如上下水、热力、煤气等管道以及自建筑物外可能引入的危险故障电压的其他可导电体和周围其他外露可导电体与总等电位联结端子板连接，再通过柱内防雷接地引下线主筋与建筑物基础接地网连接；如果可能，应包括建筑物金属结构；如果做了人工接地，也包括其接地极引线。

（2）总等电位联结的必要性及总等电位联结要求：

总等电位联结作用于整个建筑物，它通过进线配电箱近旁的总等电位联结端子板（接地母排）将各导电部分互相连通，它使建筑物内外露的可导电体间的电位基本相等。它在一定程度上可降低建筑物内间接接触电击的接触电压和不同金属部件的电位差，并消除自建筑物外经电气线路和各种金属管道引入的危险故障电压的危害，其效果胜过单纯的接地。总等电位联结要求如下：

①引入建筑物的各类管道经总等电位联结线与总电位端子板连接可靠，标示准确，清晰；金属管道连接处一般不需加跨接线，给水系统的水表需加跨接线。

②建筑物等电位联结干线应从接地干线或总等电位箱引出，等电位联结干线或局部等电位箱间的连接形成环形网路，支线间不应串联连接。

③等电位联结的可接近裸露导体或其他金属部件、构件与支线连接；各联结导体间连接可焊接，也可采用螺栓连接；干线应采用不小于 $16mm^2$ 铜芯线或 $50mm$ 的镀锌扁钢。

（3）局部等电位联结必要性和要求：

将某一局部场所范围内（如浴室、卫生间）用联结线将分散的金属部件与局部等电位联结端子板连接起来，形成局部范围在同一电位，降低遭电击的接触电压和不同金属部件的电位差。如果可能，也包括建筑物金属结构连接。

（4）浴室卫生间局部等电位联结的必要性和做法：

卫生间一般都装有澡盆或淋浴盆，卫生间屡有洗澡遭电击事故发生，造成人身伤害，这是因为人在淋浴时遍体湿透，人体阻抗大大下降，沿金属管道导入卫生间的一二十伏电压即足以使人发生心室纤维颤动而致死。浴室卫生间局部等电位联结使人体伸臂范围内所接触的电位相等或接近。这样无论从哪里导入了不正常的电压，由于等电位联结的作用，该场所内所有导电部分的电位都同时升高到同一电位水平，不会产生电位差，电击事故自然就不会发生。浴室卫生间局部等电位联结做法：将浴室、卫生间内金属给排水管、电热水器、太阳能热水器管道、金属浴盆及支架、洗脸盆支架、金属采暖管、浴室卫生间插座接地线和地面钢筋网通过联结线与局部等电位联结端子板连接；当墙为混凝土墙时，墙内钢筋网也宜与等电位联结线连通。金属地漏、扶手、浴巾架、肥皂盒等孤立之物可不作连接。等电位联结支线应采用不小于 $6mm^2$ 铜芯线、$25mm$ 镀锌扁钢或 $\Phi16$ 镀锌圆钢联结，连接处焊接牢固或螺帽紧固、防松零件齐全。

5. 工程实例图片

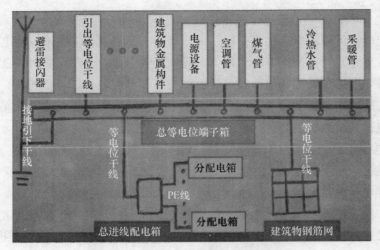

图 7.6-1　总等电位联结系统图

图 7.6-2　等电位端子箱内部端子图

图 7.6-3　总等电位端子箱外观图

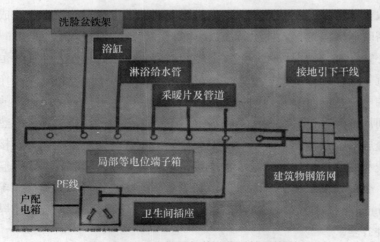

图 7.6-4　卫生间局部等电位联结系统图

图 7.6-5 局部等电位端子箱外观图

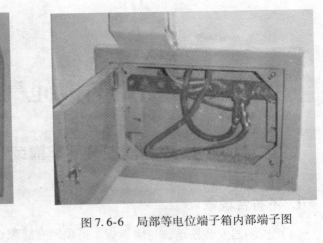

图 7.6-6 局部等电位端子箱内部端子图

第八章　消防电气设备安装

8.1　消防火灾探测器安装不牢靠或安装位置不当，造成误报

1. 不符合现象

（1）探测器安装松动，与墙、板、吊顶间有缝隙；

（2）探测器与灯具挨得太近，灯具的热量影响探头的灵敏度；

（3）消防探测器安装与灯具空调风口过近，造成误报；

（4）红外光束探测器安装距定板距离不当，造成误报；

（5）线形光束探测器的接收端安装在强光可照射区域下，造成误报。

2. 原因分析

（1）施工人员在安装探头底座时没有认真找平、固定；

（2）安装平面窄小，预埋管盒时没有注意探头与灯具、风口的距离；

（3）消防探测器安装没有考虑线盒周围梁高和后砌墙的影响；

（4）红外光束探测器的安装未考虑二次吊顶的影响；

（5）线形光束探测器的接收端安装位置选择不当，没有避开强光可照射区域下。

3. 相关规范和标准要求

《火灾自动报警系统施工及验收规范》（GB 50166—2007）的要求如下：

3.4.1　点型感烟、感温火灾探测器的安装，应符合下列要求：

1　探测器至墙壁、梁边的水平距离，不应小于0.5m；

2　探测器周围水平距离0.5m内，不应有遮挡物；

3　探测器至空调送风口最近边的水平距离，不应小于1.5m；至多孔送风顶棚孔口的水平距离，不应小于0.5m；

4　在宽度小于3m的内走道顶棚上安装探测器时，宜居中安装。点型感温火灾探测器的安装间距，不应超过10m；点型感烟火灾探测器的安装间距，不应超过15m。探测器至端墙的距离，不应大于安装间距的一半；

5　探测器宜水平安装，当确需倾斜安装时，倾斜角不应大于45°。

3.4.2　线型红外光束感烟火灾探测器的安装，应符合下列要求：

1　当探测区域的高度不大于20m时，光束轴线至顶棚的垂直距离宜为0.3～1.0m；当探测区域的高度大于20m时，光束轴线距探测区域的地（楼）面高度不宜超过20m；

2　发射器和接收器之间的探测区域长度不宜超过100m；

3 相邻两组探测器的水平距离不应大于14m。探测器至侧墙水平距离不应大于7m，且不应小于0.5m；

4 发射器和接收器之间的光路上应无遮挡物或干扰源；

5 发射器和接收器应安装牢固，并不应产生位移。

3.4.3 缆式线型感温火灾探测器在电缆桥架、变压器等设备上安装时，宜采用接触式布置；在各种皮带输送装置上敷设时，宜敷设在装置的过热点附近。

3.4.4 敷设在顶棚下方的线型差温火灾探测器，至顶棚距离宜为0.1m，相邻探测器之间水平距离不宜大于5m；探测器至墙壁距离宜为1~1.5m。

3.4.5 可燃气体探测器的安装应符合下列要求：

1 安装位置应根据探测气体密度确定。若其密度小于空气密度，探测器应位于可能出现泄漏点的上方或探测气体的最高可能聚集点上方；若其密度大于或等于空气密度，探测器应位于可能出现泄漏点的下方；

2 在探测器周围应适当留出更换和标定的空间；

3 在有防爆要求的场所，应按防爆要求施工；

4 线型可燃气体探测器在安装时，应使发射器和接收器的窗口避免日光直射，且在发射器与接收器之间不应有遮挡物，两组探测器之间的距离不应大于14m。

《火灾自动报警系统设计规范》（GB 50116—2008）的要求如下：

3.4.2 线型光束感烟火灾探测器的设置应符合下列规定：

1 探测器的光束轴线至顶棚的垂直距离宜为0.3~1.0m，距地高度不宜超过20m；

2 相邻两组探测器的水平距离不应大于14m。探测器至侧墙水平距离不应大于7m，且不应小于0.5m，发射器和接收器之间的探测区域长度不宜超过100m；

3 在探测器保护的建筑高度为12m的高大空间时，探测器应设置在开窗或通风空调对流层1m处，并采用多组探测器组成保护层的探测方式；

4 探测器应设置在混凝土结构；在钢结构建筑中，可设置在钢架上，但应考虑位移影响，选择发射光范围大于钢结构位移的探测器；

5 探测器的设置应保证其接收端避开日光和人工光源照射；

6 选择反射式探测器时，应保证在反射板与探测器间的任何部位进行模拟试验时，探测器均能正常响应。

4. 预防措施

（1）增强施工人员的责任心，底座安装时一定要与板、墙面找平，安装探头时注意拧紧；

（2）一般情况下，洗手间的天花面积较小，往往使灯具与智能探头挨得太近，这时应适当调整灯具的中心点和探头离窗口的距离，保证两者的距离在50cm左右。公共走道天花顶上的消防探头，在预埋线盒时就应使之与灯具保持不小于50cm的距离（灯具保证在中心位置上）；

（3）探测器安装应考虑线盒周围的下翻梁的高度，如有增加的后砌墙应及时调整安装位置；

（4）红外光束探测器的安装应充分考虑建筑物可能二次吊顶的影响；

（5）线形光束探测器的接收端安装位置选择应充分踏勘现场，确保避开强光可照射区域。

5. 工程实例图片

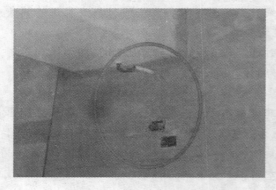

图 8.1-1　错误做法：配管不完全造成配线异常

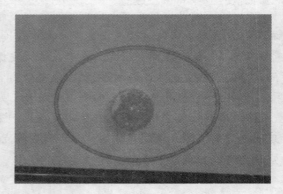

图 8.1-2　错误做法：消防烟感器外壳面污染且距墙太近，易误报

图 8.1-3　错误做法：消防烟感器距梁太近

8.2　火灾自动报警系统的布管、布线不符合要求

1. 不符合现象

（1）线路暗敷设时保护层厚度小于30mm或明敷设时未采取防火保护措施；

（2）火灾自动报警系统的传输线路与其他系统的共用线槽且无隔离或屏蔽措施；

（3）不同回路、不同电压等级线路穿于同一导管内；

（4）管内布线和建筑墙体粉刷同时进行；

（5）从接线盒引到探测器底座盒的线路未加金属软管保护。

2. 原因分析

（1）施工人员在布管时没有认真按照规范要求执行；

（2）对图纸熟悉不够，现场交叉施工、布线混乱；

（3）贪图方便或对线路用途不清，盲目布线；

（4）对作业工序不熟，过早布线造成污染；

（5）线路保护意识不强、贪图方便。

3. 相关规范和标准要求

《火灾自动报警系统施工及验收规范》（GB 50166—2007，2012 年版）的要求如下：

3.2　布线

3.2.1　火灾自动报警系统的布线，应符合现行国家标准《建筑电气装置工程施工质量验收规范》（GB 50303）的规定。

3.2.2　火灾自动报警系统布线时，应根据现行国家标准《火灾自动报警系统设计规范》（GB 50116）的规定，对导线的种类、电压等级进行检查。

3.2.3　在管内或线槽内的布线，应在建筑抹灰及地面工程结束后进行，管内或线槽内不应有积水及杂物。

3.2.4　火灾自动报警系统应单独布线，系统内不同电压等级、不同电流类别的线路，不应布在同一管内或线槽的同一槽孔内。

3.2.5　导线在管内或线槽内，不应有接头或扭结。导线的接头，应在接线盒内焊接或用端子连接。

3.2.6　从接线盒、线槽等处引到探测器底座、控制设备、扬声器的线路，当采用金属软管保护时，其长度不应大于 2m。

3.2.7　敷设在多尘或潮湿场所管路的管口和管子连接处，均应作密封处理。

3.2.8　管路超过下列长度时，应在便于接线处装设接线盒：

1　管子长度每超过 30m，无弯曲时；

2　管子长度每超过 20m，有 1 个弯曲时；

3　管子长度每超过 10m，有 2 个弯曲时；

4　管子长度每超过 8m，有 3 个弯曲时。

3.2.9　金属管子入盒，盒外侧应套锁母，内侧应装护口；在吊顶内敷设时，盒的内外侧均应套锁母。塑料管入盒应采取相应固定措施。

3.2.10　明敷设各类管路和线槽时，应采用单独的卡具吊装或支撑物固定。吊装线槽或管路的吊杆直径不应小于 6mm。

3.2.11　线槽敷设时，应在下列部位设置吊点或支点：

1　线槽始端、终端及接头处；

2　距接线盒 0.2m 处；

3　线槽转角或分支处；

4　直线段不大于 3m 处。

3.2.12 线槽接口应平直、严密,槽盖应齐全、平整、无翘角。并列安装时,槽盖应便于开启。

3.2.13 管线经过建筑物的变形缝(包括沉降缝、伸缩缝、抗震缝等)处,应采取补偿措施,导线跨越变形缝的两侧应固定,并留有适当余量。

3.2.14 火灾自动报警系统导线敷设后,应用500V兆欧表测量每个回路导线对地的绝缘电阻,该绝缘电阻值不应小于20MΩ。

3.2.15 同一工程中的导线,应根据不同用途选不同颜色加以区分,相同用途的导线颜色应一致。电源线正极应为红色,负极应为蓝色或黑色。

《建筑电气工程施工质量验收规范》(GB 50303—2002,2012年版)的要求如下:

15.1.2 不同回路、不同电压等级和交流与直流的电线,不应穿于同一导管内;同一交流回路的电线应穿于同一金属导管内,且管内电线不得有接头。

15.2.3 线槽敷线应符合下列规定:

1. 电线在线槽内有一定余量,不得有接头。电线按回路编号分段绑扎,绑扎点间距不应大于2m;

2. 同一电源的不同回路无抗干扰要求的线路可敷设于同一线槽内;敷设于同一线槽内有抗干扰要求的线路用隔板隔离,或采用屏蔽电线且屏蔽护套一端接地。

《火灾自动报警系统设计规范》(GB 50116—2008)的要求如下:

10.2 屋内布线

10.2.1 火灾自动报警系统的传输线路应采用穿金属管、经阻燃处理的硬质塑料管或封闭式线槽保护方式布线。

10.2.2 消防控制、通信和警报线路采用暗敷设时,宜采用金属管或经阻燃处理的硬质塑料管保护,并应敷设在不燃烧体的结构层内,且保护层厚度不宜小于30mm。当采用明敷设时,应采用金属管或金属线槽保护,并应在金属管或金属线槽上采取防火保护措施。

采用经阻燃处理的电缆时,可不穿金属管保护,但应敷设在电缆竖井或吊顶内有防火保护措施的封闭式线槽内。

10.2.3 火灾自动报警系统用的电缆竖井,宜与电力、照明用的低压配电线路电缆竖井分别设置。如受条件限制必须合用时,两种电缆应分别布置在竖井的两侧。

10.2.4 从接线盒、线槽等处引到探测器底座盒、控制设备盒、扬声器箱的线路均应加金属软管保护。

10.2.5 火灾探测器的传输线路,宜选择不同颜色的绝缘导线或电缆。正极"+"线应为红色,负极"-"线应为蓝色。同一工程中相同用途导线的颜色应一致,接线端子应有标号。

10.2.6 接线端子箱内的端子宜选择压接或带锡焊接点的端子板,其接线端子上应有相应的标号。

10.2.7 火灾自动报警系统的传输网络不应与其他系统的传输网络合用。

4. 预防措施

(1)增强施工人员的责任心,确保线路暗敷设时保护层厚度不小于30mm,明敷设时必须采取防火保护措施。

（2）火灾自动报警系统不同回路、不同电压等级的传输线路不应穿于同一导管内，且管内电线不得有接头。

（3）敷设于同一线槽内有抗干扰要求的线路用隔板隔离，或采用屏蔽电线且屏蔽护套一端接地。

（4）从接线盒、线槽等处引入到探测器底座盒、控制设备盒、扬声器箱的线路均应加金属软管保护。

（5）在管内或线槽内的布线，应在建筑抹灰及地面工程结束后进行，管内或线槽内不应有积水及杂物。

（6）金属管子入盒，盒外侧应套锁母，内侧应装护口；在吊顶内敷设时，盒的内外侧均应套锁母。塑料管入盒应采取相应固定措施。

5. 工程实例图片

图 8.2-1　消防控制模块连接的金属管
　　　　　接口紧密，固定点合理

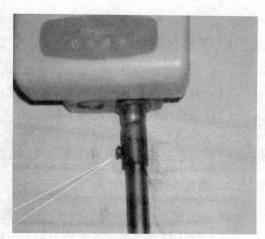

图 8.2-2　金属管接口处理合理

图 8.2-3　明敷金属导管了防火保护措施

图 8.2-4　错误做法：接线盒未涂防火漆

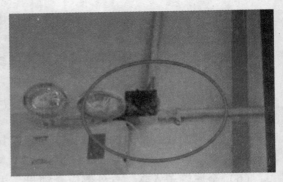

图 8.2-5　错误做法：消防电管路生锈　　　　图 8.2-6　错误做法：接线盒及消防电管路安装不当

8.3　消防应急照明灯具安装不符合要求

1. 不符合现象

(1) 消防应急灯具通过插座进行供电；

(2) 利用普通灯具代替消防应急灯具；

(3) 安全出口标志灯距地太低；

(4) 疏散标志灯安装位置过高；

(5) 疏散照明线路采用普通电线、电缆。

2. 原因分析

(1) 施工人员在预埋线盒时位置不准，灯具接线只能采取延长线路自插座取电；

(2) 施工计划不足，未采购消防专用灯具；

(3) 安全出口标志灯未按规范设置；

(4) 疏散标志灯安装未按规范设置；

(5) 偷工减料，未按设计要求采购耐火电线、电缆。

3. 相关规范和标准要求

《建筑电气工程施工质量验收规范》（GB 50303—2002，2012 年版）的要求如下：

20.1.4　应急照明灯具安装应符合下列规定：

1　应急照明灯的电源除正常电源外，另有一路电源供电；或者是独立于正常电源的柴油发电机组供电；或由蓄电池柜供电或选用自带电源型应急灯具；

2　应急照明在正常电源断电后，电源转换时间为：疏散照明≤15s；备用照明≤15s（金融交易所≤1.5s）；安全照明≤0.5s；

3　疏散照明由安全出口标志灯和疏散标志灯组成。安全出口标志灯距地高度不低于2m，且安装在疏散出口和楼梯口里侧的上方；

4　疏散标志灯安装在安全出口的顶部，楼梯间、疏散走道及其转角处应安装在 1m 以下的墙面上。不易安装的部位可安装在上部。疏散通道上的标志灯间距不大于 20m（人防工

程不大于 10m);

5 疏散标志灯的设置，不影响正常通行，且不在其周围设置容易混同疏散标志灯的其他标志牌等；

6 应急照明灯具，运行中温度大于 60℃ 的灯具，当靠近可燃物时，采取隔热、散热等防火措施。当采用白炽灯，卤钨灯等光源时，不直接安装在可燃装修材料或可燃物件上；

7 应急照明线路在每个防火分区有独立的应急照明回路，穿越不同防火分区的线路有防火隔堵措施；

8 疏散照明线路采用耐火电线、电缆，穿管明敷或在非燃烧体内穿刚性导管暗敷，暗敷保护层厚度不小于 30mm。电线采用额定电压不低于 750V 的铜芯绝缘电线。

20.2.3 应急照明灯具安装应符合下列规定：

1 疏散照明采用荧光灯或白炽灯；安全照明采用卤钨灯，或采用瞬时可靠点燃的荧光灯；

2 安全出口标志灯和疏散标志灯装有玻璃或非燃材料的保护罩，面板亮度均匀度为 1∶10（最低∶最高），保护罩应完整、无裂纹。

《民用建筑电气设计规范》（JGJ16－2008）的要求如下：

13.8.1 火灾应急照明应包括备用照明、疏散照明，其设置应符合下列规定：

1 供消防作业及救援人员继续工作的场所，应设置备用照明；

2 供人员疏散，并为消防人员撤离火灾现场的场所，应设置疏散指示标志灯和疏散通道照明。

13.8.4 备用照明灯具宜设置在墙面或顶棚上。安全出口标志灯具宜设置在安全出口的顶部，底边距地不宜低于 2.0m。疏散走道的疏散指示标志灯具，宜设置在走道及转角处离地面 1.0m 以下墙面上、柱上或地面上，且间距不应大于 20m。当厅室面积较大，必须装设在顶棚上时，灯具应明装，且距地不宜大于 2.5m。

13.8.5 火灾应急照明的设置，除符合本规范第 13.8.1～13.8.4 条的规定外，尚应符合下列规定：

3 首层疏散楼梯的安全出口标志灯，应安装在楼梯口的内侧上方。

4 装设在地面上的疏散标志灯，应防止被重物或外力损坏。

5 疏散照明灯的设置，不应影响正常通行，不得在其周围存放有容易混同以及遮挡疏散标志灯的其他标志牌等。

13.9.12 应急照明电源应符合下列规定：

4 备用照明和疏散照明，不应由同一分支回路供电，严禁在应急照明电源输出回路中连接插座。

4. 预防措施

（1）施工人员在预埋线盒时控制好位置，严禁在应急照明电源输出回路中连接插座；

（2）必须按照设计要求采购和安装消防应急灯具，不能用普通灯具代替消防应急灯具，应急照明灯的电源除正常电源外，另有一路电源供电；

（3）安全出口标志灯具宜设置在安全出口的顶部，底边距地不宜低于 2.0m；

（4）疏散走道的疏散指示标志灯具应设置在走道及转角处离地面 1.0m 以下墙面上、柱上或地面上，且间距不应大于 20m；

（5）疏散照明线路必须采用耐火电线、电缆穿管明敷或在非燃烧体内穿刚性导管暗敷，暗敷保护层厚度不小于 30mm。电线采用额定电压不低于 750V 的铜芯绝缘电线。

5. 工程实例图片

图 8.3-1　疏散指示标志灯具应设置在离地面 1.0m 以下柱上

图 8.3-2　设置在走道及转角处离地离地面 1.0m 以下的疏散指示灯具

图 8.3-3　安全出口标志灯具设置在安全出口的顶部设置

图 8.3-4　在安全出口附近设置火灾应急照明灯具

8.4　手动报警按钮、火灾警报装置安装不符合要求

1. 不符合现象

（1）手动火灾报警按钮安装倾斜、底边距地面高度过高；
（2）火灾应急广播扬声器和火灾警报装置安装松动、不牢靠；
（3）个别区域未设置火灾应急广播、火灾警报装置；
（4）消防水泵房、备用发电机房未设置消防专用电话分机；
（5）手动火灾报警按钮处未设置电话塞孔。

2. 原因分析

（1）施工人员在安装报警按钮时没有认真找平、固定；
（2）安装平面窄小或预埋管盒不到位；
（3）设计不全或施工疏漏；
（4）未按规范进行布线；
（5）设备选型错误或施工安装位置出现偏差。

3. 相关规范和标准要求

《火灾自动报警系统施工及验收规范》（GB 50166—2007）的要求如下：

3.5.1　手动火灾报警按钮应安装在明显和便于操作的部位。当安装在墙上时，其底边距地（楼）面高度宜为 1.3～1.5m。

3.5.2　手动火灾报警按钮应安装牢固，不应倾斜。

3.5.3　手动火灾报警按钮的连接导线应留有不小于 150mm 的余量，且在其端部应有明显标志。

3.8.1　火灾应急广播扬声器和火灾警报装置安装应牢固可靠，表面不应有破损。

3.8.2　火灾光警报装置应安装在安全出口附近明显处，距地面 1.8m 以上。光警报器与消防应急疏散指示标志不宜在同一面墙上，安装在同一面墙上时，距离应大于 1m。

3.8.3 扬声器和火灾声警报装置宜在报警区域内均匀安装。

3.9.1 消防电话、电话插孔、带电话插孔的手动报警按钮宜安装在明显、便于操作的位置；当在墙面上安装时，其底边距地（楼）面高度宜为1.3～1.5m。

3.9.2 消防电话和电话插孔应有明显的永久性标志。

《火灾自动报警系统设计规范》（GB 50116—2008）的要求如下：

5.4.1 控制中心报警系统应设置火灾应急广播，集中报警系统宜设置火灾应急广播。

5.4.2 火灾应急广播扬声器的设置，应符合下列要求：

5.4.2.1 民用建筑内扬声器应设置在走道和大厅等公共场所，每个扬声器的额定功率不应小于3W，其数量应能保证从一个防火分区的任何部位到最近一个扬声器的距离不大于25m。走道内最后一个扬声器至走道末端的距离不应大于12.5m。

5.4.2.2 在环境噪声大于60dB的场所设置的扬声器，在其播放范围内最远点的播放声压级应高于背景噪声15dB。

5.4.2.3 客房设置专用扬声器时，其功率不宜小于1.0W。

5.4.3 火灾应急广播与公共广播合用时，应符合下列要求：

5.4.3.1 火灾时应能在消防控制室将火灾疏散层的扬声器和公共广播扩音机强制转入火灾应急广播状态。

5.4.3.2 消防控制室应能监控用于火灾应急广播时的扩音机的工作状态，并应具有遥控开启扩音机和采用传声器播音的功能。

5.4.3.3 床头控制柜内设有服务性音乐广播扬声器时，应有火灾应急广播功能。

5.4.3.4 应设置火灾应急广播备用扩音机，其容量不应小于火灾时需同时广播的范围内火灾应急广播扬声器最大容量总和的1.5倍。

5.5.1 未设置火灾应急广播的火灾自动报警系统，应设置火灾警报装置。

5.5.2 每个防火分区至少应设一个火灾警报装置，其位置宜设在各楼层走道靠近楼梯出口处。警报装置宜采用手动或自动控制方式。

5.5.3 在环境噪声大于60dB的场所设置火灾警报装置时，其声警报器的声压级应高于背景噪声15dB。

5.6.1 消防专用电话网络应为独立的消防通信系统。

5.6.2 消防控制室应设置消防专用电话总机，且宜选择共电式电话总机或对讲通信电话设备。

5.6.3 电话分机或电话塞孔的设置，应符合下列要求：

5.6.3.1 下列部位应设置消防专用电话分机：

（1）消防水泵房、备用发电机房、配变电室、主要通风和空调机房、排烟机房、消防电梯机房及其他与消防联动控制有关的且经常有人值班的机房。

（2）灭火控制系统操作装置处或控制室。

（3）企业消防站、消防值班室、总调度室。

5.6.3.2 设有手动火灾报警按钮、消火栓按钮等处宜设置电话塞孔。电话塞孔在墙上安装时，其底边距地面高度宜为1.3～1.5m。

5.6.3.3 特级保护对象的各避难层应每隔20m设置一个消防专用电话分机或电话塞孔。

5.6.4 消防控制室、消防值班室或企业消防站等处，应设置可直接报警的外线电话。

8.3.1 每个防火分区应至少设置一个手动火灾报警按钮。从一个防火分区内的任何位置到最邻近的一个手动火灾报警按钮的距离，不应大于30m。手动火灾报警按钮宜设置在公共活动场所的出入口处。

8.3.2 手动火灾报警按钮应设置在明显的和便于操作的部位。当安装在墙上时，其底边距地高度宜为1.3~1.5m，且应有明显的标志。

4. 预防措施

（1）手动火灾报警按钮应安装牢固，不应倾斜，其底边距地（楼）面高度宜为1.3~1.5m；

（2）火灾应急广播扬声器和火灾警报装置安装应牢固可靠，表面不应有破损；

（3）未设置火灾应急广播的火灾自动报警系统，应设置火灾警报装置；

（4）消防水泵房、备用发电机房、配变电室、主要通风和空调机房、排烟机房、消防电梯机房及其他与消防联动控制有关的且经常有人值班的机房设置消防专用电话分机；

（5）设有手动火灾报警按钮、消火栓按钮等处应设置电话塞孔。电话塞孔在墙上安装时，其底边距地面高度宜为1.3~1.5m；

（6）消防电话和电话插孔手动火灾报警按钮应有明显的永久性标志。

5. 工程实例图片

图8.4-1 手动火灾报警按钮带电话插孔

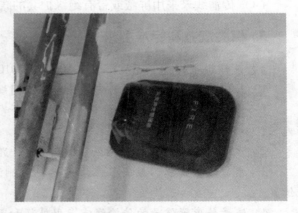

图8.4-2 错误做法：火灾警报装置安装方向倒置

第九章 弱电及建筑智能化系统设备安装

9.1 水流量传感器安装位置不当，造成测量误差过大

1. 不符合现象

（1）水管流量传感器的安装位置距阀门太近；

（2）水管流量传感器未安装在测压点上游，导致测量误差偏大；

（3）水管流量传感器未安装在温度传感器测温点的上游，导致测量误差偏大；

（4）信号传输线质量差，有干扰。

2. 原因分析

（1）水管流量传感器的安装位置不准确，影响测量的准确性；

（2）施工人员责任心不强，水管流量传感器与压力、温度传感器的位置颠倒；

（3）施工人员加工管道及接口是定位不准或受场地影响安装错位；

（4）传输线未采用屏蔽或带有绝缘护套的线缆。

3. 相关规范和标准要求

《智能建筑工程施工规范》（GB 50606—2010，2012 年版）的要求如下：

12.2.12 水流量传感器的安装应符合下列规定：

1 水管流量传感器的安装位置距阀门、管道缩径、弯管距离不应小于 10 倍的管道内径；

2 水管流量传感器应安装在测压点上游并距测压点 3.5～5.5 倍管内径的位置；

3 水管流量传感器应安装在温度传感器测温点的上游，距温度传感器 6～8 倍管径的位置；

4 流量传感器信号的传输线宜采用屏蔽和带有绝缘护套的线缆，线缆的屏蔽层宜在现场控制器侧一点接地。

12.3.1 主控项目应符合下列规定：

3 传感器、执行器的安装应严格按照说明书的要求进行，接线应按照接线图和设备说明书进行，配线应整齐，不宜交叉，并应固定牢靠，端部均应标明编号；

4 水管型温度传感器、水管压力传感器、水流开关、水管流量计应安装在水流平稳的直管段，应避开水流流束死角，且不宜安装在管道焊缝处；

12.3.2 一般项目应符合下列规定：

5 传感器、执行器宜安装在光线充足、方便操作的位置；应避免安装在有振动、潮湿、易受机械损伤、有强电磁场干扰、高温的位置。

4. 预防措施

（1）水管流量传感器的安装应该选择在有足够长的直线段安装，尽量避开阀门、管道缩径、弯管处，无法避开时安装距离不应小于 10 倍的管道内径。

（2）水管流量传感器与测压点的安装关系：水管流量传感器应安装在测压点上游并距测压点 3.5～5.5 倍管内径的位置。

（3）水管流量传感器与测温点的安装关系：水管流量传感器应安装在温度传感器测温点的上游，距温度传感器 6～8 倍管径的位置。

（4）流量传感器信号的传输线缆选择：宜采用屏蔽和带有绝缘护套的线缆，线缆的屏蔽层宜在现场控制器侧一点接地。

（5）传感器、执行器的安装应严格按照说明书的要求进行，接线应按照接线图和设备说明书进行，配线应整齐，不宜交叉，并应固定牢靠，端部均应标明编号。

图 9.1-1　水管流量传感器外观图

5. 工程实例图片

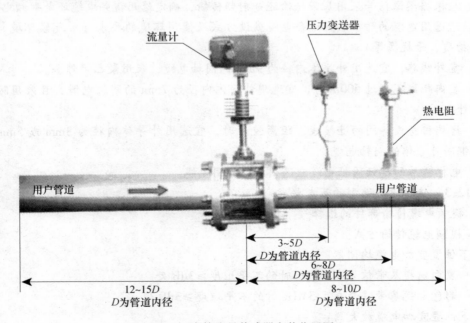

图 9.1-2　水管流量传感器安装位置图

9.2 电视监控系统质量差

1. 不符合现象

（1）图像模糊不清或失真；

（2）监视器画面有毛刺；

（3）监视器画面清晰度不够；

（4）监视器画面有波浪状条纹。

2. 原因分析

（1）视频线路过长、屏蔽层有破损；

（2）镜头焦距不准或摄像机故障，；

（3）摄像机逆光补偿功能效果差或安装位置不合理；

（4）摄像机安装与地绝缘隔离措施不到位。

3. 相关规范和标准要求

《安全技术防范工程技术规范》（GB 50348—2004）的要求如下：

3.12.2　传输线缆选择的基本要求

3　视频信号传输电缆

1）应根据图像信号采用基带传输还是射频传输，确定选用视频电缆还是射频电缆。

2）所选用电缆的防护层应适合电缆敷设方式及使用环境的要求（如气候环境、是否存在有害物质、干扰源等）。

3）室外线路，宜选用外导体内径为9mm的同轴电缆，采用聚乙烯外套。

4）室内距离不超过500m时，宜选用外导体内径为7mm的同轴电缆，且采用防火的聚氯乙烯外套。

5）终端机房设备间的连接线，距离较短时，宜选用外导体内径为3mm或5mm、且具有密编铜网外导体的同轴电缆。

6）电梯轿厢的视频同轴电缆应选用电梯专用电缆。

3.12.3　传输设备选型的基本要求

2　视频电缆传输部件的选择

1）视频电缆传输方式。

如下位置宜加电缆均衡器：

——黑白电视基带信号在5MHz时的不平坦度≥3dB处

——彩色电视基带信号在5.5MHz时的不平坦度≥3dB处

如下位置宜加电缆放大器：

——黑白电视基带信号在5MHz时的不平坦度≥6dB处

——彩色电视基带信号在5.5MHz时的不平坦度≥6dB处

2）射频电缆传输方式

——摄像机在传输干线某处相对集中时，宜采用混合器来收集信号；

——摄像机分散在传输干线的沿途时，宜选用定向耦合器来收集信号；

——控制信号传输距离较远，到达终端已不能满足接收电平要求时，宜考虑中途加装再生中继器。

6.3.3 线缆敷设

1 敷设线缆应合理安排，不宜交叉；敷设时应防止电缆之间及电缆与其它物体之间的摩擦；固定时，松紧适度。

2 多芯电缆的弯曲半径，应不小于其外径的6倍，同轴电缆的弯曲半径应不小于其外径的15倍。

3 线缆槽敷设截面利用率≤60%；线缆穿管敷设截面利用率≤40%。

4 信号线与电力线交叉敷设时，宜成直角，当平行敷设时，其相互间的距离应符合设计文件规定。

5 电缆沿支架或在线槽内敷设时应在下列各处固定牢固：

1）电缆垂直排列或倾斜坡度超过45度时的每一个支架上；

2）电缆水平排列或倾斜坡度不超过45度时，在每隔1~2个支架上；

3）在引入接线盒及分线箱前150~300mm处。

6 明敷设的信号线路与具有强磁场、强电场的电气设备之间的净距离，宜大于1.5m，当采用屏蔽线缆或穿金属保护管或在金属封闭线槽内敷设时，宜大于0.8m。

7 线缆在沟道内敷设时，应敷设在支架上或线槽内。当线缆进入建筑物后，线缆沟道与建筑物间应隔离密封。

8 线缆穿管前应检查保护管是否畅通，管口应加护圈，防止穿管时损伤导线。

9 导线在管内或线槽内不应有接头和扭结。导线的接头应在接线盒内焊接或用端子连接。

10 同轴电缆应一线到位，中间无接头。

11 综合布线系统的施工应按GB/T 50312《建筑及建筑群综合布线系统工程验收规范》标准中的有关规定进行。

12 直埋电缆的施工应按GB/T 50198—1994《民用闭路监视电视系统工程技术规范》标准中的有关规定进行。

6.3.5 工程设备安装

3 摄像机安装

1）满足监视目标视场范围要求，其安装高度：室内离地宜不低于2.5m；室外离地宜不低于3.5m。

2）摄像机及其配套装置，如镜头、防护罩、支架、雨刷等设备，安装应灵活牢固，注意防破坏，并与周边环境相协调。

3）摄像机安装应与地绝缘隔离。

4）信号线和电源线应分别引入，外露部分用软管保护，并不影响云台的转动。

5）电梯厢内的摄像机应安装在厢门上方的左或右侧，并能有效监视电梯厢内乘员面部特征。

《民用闭路监视电视系统工程技术规范》（GB 50198—2011）的要求如下：

4.2.2 摄像机的安装应符合下列规定：

1 在搬动、架设摄像机过程中，不得打开镜头盖；

2 在高压带电设备附近架设摄像机时，应根据带电设备的要求，确定安全距离；

3 在强电磁干扰环境下，摄像机的安装应与地绝缘隔离；

4 摄像机及其配套装置安装应牢固稳定、运转应灵活。应避免破坏，并与周边环境相协调；

5 从摄像机引出的电缆宜留有1m的余量，不得影响摄像机的转动。摄像机的电缆和电源线均应固定，并不得用插头承受电缆的自重；

6 摄像机信号线和电源线应分别引入，外露部分用软管保护；

7 先对摄像机进行初步安装，经通电试看、细调，检查各项功能，观察监视区域的覆盖范围和图像质量，符合要求后方可固定；

8 摄像机在户外安装时，应检查其防雨、防尘、防潮的设施是否合格。将摄像机逐个通电进行检测和粗调，在摄像机处于正常工作状态后，方可安装。

5.4.1 模拟电视图像质量主观评价应符合下列规定：

1 图像质量的主观评价可采用五级损伤制评定；五级损伤制评分分级应符合表5.4.1-1的规定。

表 5.4.1-1 五级损伤制评分分级表

图像质量损伤的主观评价	评分分级
图像上不觉察有损伤或干扰存在	5
图像上稍有可觉察的操作或干扰，但并不令人讨厌	4
图像上有明显的操作或干扰，令人感到讨厌	3
图像上损伤或干扰较严重，令人相当讨厌	2
图像上损伤或干扰极严重，不能观看	1

2 图像质量的主观评价项目应按表5.4.1-2的规定。

表 5.4.1-2 主观评价项目表

项目	损伤的主观评价现象
随机信噪比	噪波，即"雪花干扰"
单频干扰	图像中纵、斜、人字形或波浪状的条纹，即"网纹"
电源干扰	图像中上下移动的黑白间置的水平横条，即"黑白滚道"
脉冲干扰	图像中不规则的闪烁、黑白麻点或"跳动"

3 图像各主观评价项目的得分值均不应低于4分。

5.4.2 模拟电视图像质量的主观评价方法和要求应符合下列规定：

1 主观评价应在摄像机标准照度下进行；

2 主观评价应采用符合国家标准的监视器。黑白电视监视器的水平清晰度应高于400线；

3 观看距离应为荧光屏面高度的4～6倍，光线柔和；

4 评价人员不应少于五名，可包括专业人员和非专业人员。评价人员应独立评价打分，取算术平均值为评价结果。

5.4.3 数字图像质量主观评价应符合下列规定：

1 图像质量的主观评价采用五级损伤制评定，其评分分级和相应的图像损伤的主观评价应符合表5.4.3-1的规定。

5.4.3-1 五级损标准表

图像质量损伤的主观评价	评分分级
不觉察	5
可觉察，但不讨厌	4
稍有讨厌	3
讨厌	2
非常讨厌	1

2 数字图像质量的主观评价项目应按表5.4.3-2的规定。

5.4.3-2 主观评价项目表

项目	含义
马赛克效应	单色区域画面存在的色块
边缘处理	图像中的物体边界和线条，主要考虑边界对比度和变形情况
颜色平滑度	图像中单色区域画面存在的颜色层次丰富程度
画面的真实性	包括画面的完整性、是否存在色差、对图像的整体接受程度
快速运动图像处理	考察快速运动参考源下图像的连续性
低照度环境图像处理	考察低照度环境图像的清晰度

3 图像质量的主观评价可采用五级损伤制评定；数字图像各主观评价项目的得分值均不应低于4分。

5.4.4 数字图像质量的主观评价方法和要求应符合下列规定：

1 测量方法应采用单刺激法。

1 主观评价应在摄像机标准照度下进行。

2 主观评价应采用符合国家标准的数字监视器。

3 观看距离应为荧光屏面高度的4~6倍，光线柔和。

4 评价人员不应少于五名，可包括专业人员和非专业人员。评价人员应独立评价打分，取算术平均值为评价结果。

4. 预防措施

（1）加强施工人员技能的培训，视频线路施工完成后，应采用仪表测试线路信号，根据测试结果按照规范GB 50348要求确定是否加装放大器或均衡器；

（2）摄像机安装完成后，应及时调整镜头焦距，避开障碍物并保持镜头面干净，并检查摄像机防护套的雨刷动作是否正常；

（3）安装摄像机支架或云台时应尽量选择角度好、不逆光的位置。当无法避免时对逆光补偿功能要加强调试；

（4）摄像机安装应与地绝缘隔离；

（5）摄像机安装完成后，应在摄像机标准照度下进行系统质量的主观评价。

5. 工程实例图片

图 9.2-1 视频监控系统：监控器画面图像质量清晰、监视区域的覆盖范围全面

图 9.2-2 视频监控系统：中央监控器各子画面均传输稳定、图像质量清晰

9.3 不同电压等级的电线电缆布置在同一线槽内

1. 不符合现象

（1）综合布线系统缆线与其他电源线在同一线槽中敷设；

（2）综合布线缆线与信号线靠近布置，信号受干扰；

（3）同一电源的不同抗干扰要求的线路靠近布置；

（4）火灾自动报警系统未单独布线，与其他线路在同一线槽中敷设。

2. 原因分析

（1）未按要求敷设弱点布线线槽。

（2）未按图纸要求施工未采取必要的隔离措施。

（3）贪图方便、未用隔板隔离。

（4）未按规范布线。

3. 相关规范和标准要求

《综合布线工程施工规范》（GB 50312—2007）的要求如下：

7 缆线间的最小净距应符合设计要求：

1）电源线、综合布线系统缆线应分隔布放，并应符合表5.1.1-1的规定。

表 5.1.1-1 对绞电缆与电力电缆最小净距条件最小净距 （mm）

条件	最小净距（mm）		
	$380V < 2kV \cdot A$	$380V^2 < 5kV \cdot A$	$380V < 5kV \cdot A$
对绞电缆与电力电缆平行敷设	130	300	600
有一方在接地的金属槽道或钢管中	70	150	300
双方均在接地的金属槽道或钢管中[②]	10[①]	80	150

①当380V电力电缆＜2kV·A，双方都在接地的线槽中，且平行长度≤10m时，最小间距可为10mm。

②双方都在接地的线槽中，系指两个不同的线槽，也可在同一线槽中用金属板隔开。

4）综合布线缆线宜单独敷设，与其他弱电系统各子系统缆线间距应符合设计要求。

5）对于有安全保密要求的工程，综合布线缆线与信号线、电力线、接地线的间距应符合相应的保密规定。对于具有安全保密要求的缆线应采取独立的金属管或金属线槽敷设。

《智能建筑工程施工规范》（GB 50606—2010）的要求如下：

4.1.1 电力线缆和信号线缆严禁在同一线管内敷设

《建筑电气工程施工质量验收规范》（GB 50303—2002，2012 年版）的要求如下：

15.2.3 线槽敷线应符合下列规定：

1 电线在线槽内有一公平余量，不得有接头。电线按回路编号分段绑扎，绑扎点间应大于2m。

3 同一电源的不同回路有抗干扰要求的线路用隔板隔离，或采用屏蔽电线且屏蔽护套一端接地。

《火灾自动报警系统施工及验收规范》（GB 50166—2007）的要求如下：

3.2.4 火灾自动报警系统应单独布线，系统内不同电压等级、不同电流类别的线路，不应布在同一管内或线槽的同一槽孔内。

4. 预防措施

（1）不同电压等级、不同电流类别的线路，不应布在同一管内或线槽的同一槽孔内。

（2）同一电源的不同回路有抗干扰要求的线路用隔板隔离，或采用屏蔽电线且屏蔽护套一端接地。

（3）电力线缆和信号线缆严禁在同一线管内敷设。

（4）综合布线缆线宜单独敷设，与其他弱电系统各子系统缆线间距应符合设计要求。

（5）火灾自动报警系统应单独布线。

5. 工程实例图片

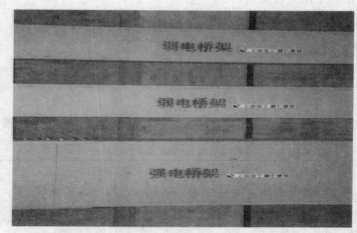

图 9.3-1　不同类别的线路分开电缆桥架布置，安装后统一标识用途

9.4　线缆标识或余量不符合要求

1. 不符合现象

（1）配线架的个别线缆缺永久线号标签；
（2）线缆穿越建筑物变形缝时的补偿余量不足；
（3）部分缆线余量不足；
（4）个别线缆两端的永久性标签不清晰或不准确。

2. 原因分析

（1）施工人员未按编号进行绑扎分类、标签不全；
（2）踏勘现场不细致，放线时不注意建筑现状条件；
（3）施工放线无序进行，线路规划分类不细致，接线混乱导致长度差错；
（4）线缆两端的永久性标签位置设置不合理，造成线路变更时被剪掉。

3. 相关规范和标准要求

《智能建筑工程施工规范》（GB 50606—2010）的要求如下：
4.4　线缆敷设
4.4.1　线缆两端应有防水、耐摩擦的永久性标签，标签书写应清晰、准确。
4.4.2　管内线缆间不应拧绞，不得有接头。
4.4.6　线缆穿越建筑物变形缝时应留置相适应的补偿余量。
4.5　质量控制
4.5.1　主控项目应符合下列规定：
2　桥架、线管经过建筑物的变形缝处应设置补偿装置，线缆应留余量；
3　线缆两端应有防水、耐摩擦的永久性标签，标签书写应清晰、准确；

5.2.1 线缆敷设除应执行本规范第4.4节的规定外，尚应符合下列规定：

2 线缆布放宜留不小于0.15mm余量；

8 线缆敷设施工时，现场应安装稳固的临时线号标签，线缆上配线架、打模块前应安装永久线号标签。

10 距信息点最近的一个过线盒穿线时应宜留有不小于0.15mm的余量。

《综合布线工程施工规范》（GB 50312—2007）的要求如下：

5.1 缆线的敷设

5.1.1 缆线敷设应满足下列要求：

1 缆线的型式、规格应与设计规定相符。

4 缆线两端应贴有标签，应标明编号，标签书写应清晰、端正和正确。标签应选用不易损坏的材料。

5 缆线应有余量以适应终接、检测和变更。对绞电缆预留长度：在工作区宜为3～6cm，电信间宜为0.5～2m，设备间宜为3～5m；光缆布放路由宜盘留，预留长度宜为3～5m，有特殊要求的应按设计要求预留长度。

4. 预防措施

（1）加强施工人员的技术交底，明确接线工艺要求，线缆编号应与设备回路编号一一对应，缆线理顺并绑扎好。缆线余量足够。

（2）线缆敷设施工时，现场应安装稳固的临时线号标签，线缆上配线架、打模块前应安装永久线号标签。

（3）线缆穿越建筑物变形缝时应留置相适应的补偿余量。

（4）缆线应有余量以适应终接、检测和变更。对绞电缆预留长度：在工作区宜为3～6cm，电信间宜为0.5～2m，设备间宜为3～5m；光缆布放路由宜盘留，预留长度宜为3～5m。

5. 工程实例图片

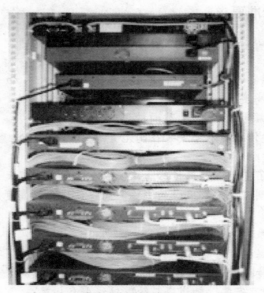

图9.4-1 缆线进行分类绑扎、标识齐全

图 9.4-2 错误做法：缆线未进行分类绑 图 9.4-3 缆线标识齐全、排列整齐、余量合适
扎、标识不全、混乱无序

9.5 温度传感器安装位置不符合要求，造成测量误差较大

1. 不符合现象

（1）室内温湿度传感器应安装在门窗口等温度变化较大的地方；

（2）风管型温湿度传感器应安装在风速平稳的直管段的下半部；

（3）水管型温度传感器安装在水流流束死角或管道焊缝处；

（4）风管型温、湿度传感器安装在风管内通风死角。

2. 原因分析

（1）传感器、执行器的安装未按照说明书的要求进行；

（2）传感器、执行器的安装未考虑环境因素影响；

（3）安装前踏勘现场不细致，安装条件调查不足。

3. 相关规范和标准要求

《智能建筑工程施工规范》（GB 50606—2010）的要求如下：

12.2.5 室内、外温湿度传感器的安装应符合下列规定：

1 室内温湿度传感器的安装位置宜距门、窗和出风口大于 2m；在同一区域内安装的室内温湿度传感器，距地高度应一致，高度差不应大于 10mm；

2 室外温湿度传感器应有防风、防雨措施；

3 室内、外温湿度传感器不应安装在阳光直射的地方，应远离有较强振动、电磁干扰、潮湿的区域。

12.2.5 本条规定了室内温湿度传感器应安装在温度变化不大，基本上能代表该区域温度范围的位置，不易受到窗、门和风口的影响。同一区域安装高度应一致，并考虑与其他开关的协调性，尽量美观。

12 建筑设备监控系统

12.2.6 风管型温湿度传感器应安装在风速平稳的直管段的下半部。

12.2.7 水管温度传感器的安装应符合下列规定：

1 应与管道相互垂直安装，轴线应与管道轴线垂直相交；

2 感温段小于管道口径的 1/2 时，应安装在管道的侧面或底部。

12.3.1 主控项目应符合下列规定：

3 传感器、执行器的安装应严格按照说明书的要求进行，接线应按照接线图和设备说明书进行，配线应整齐，不宜交叉，并应固定牢靠，端部均应标明编号；

4 水管型温度传感器、水管压力传感器、水流开关、水管流量计应安装在水流平稳的直管段，应避开水流流束死角，且不宜安装在管道焊缝处；

5 风管型温、湿度传感器、压力传感器、空气质量传感器应安装在风管的直管段且气流流束稳定的位置，且应避开风管内通风死角。

12.3.2 一般项目应符合下列规定：

5 传感器、执行器宜安装在光线充足、方便操作的位置；应避免安装在有振动、潮湿、易受机械损伤、有强电磁场干扰、高温的位置。

4. 预防措施

（1）室内温湿度传感器的安装位置宜距门、窗和出风口大于2m；在同一区域内安装的室内温湿度传感器，距地高度应一致，高度差不应大于10mm；室外温湿度传感器应有防风、防雨措施；室内、外温湿度传感器不应安装在阳光直射的地方，应远离有较强振动、电磁干扰、潮湿的区域。

（2）水管温度传感器的安装应符合下列规定：

应与管道相互垂直安装，轴线应与管道轴线垂直相交；感温段小于管道口径的1/2时，应安装在管道的侧面或底部。

（3）水管型温度传感器、水管压力传感器、水流开关、水管流量计应安装在水流平稳的直管段，应避开水流流束死角，且不宜安装在管道焊缝处。

（4）风管型温、湿度传感器、压力传感器、空气质量传感器应安装在风管的直管段且气流流束稳定的位置，且应避开风管内通风死角。

5. 工程实例图片

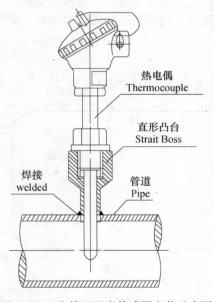

图 9.5-1 水管型温度传感器安装示意图

9.6 液位传感器安装位置不当，导致设备频繁启动

1. 不符合现象

（1）液位传感器的安装在了液体进、出口；

（2）液位传感器在水箱或水池内的位置安装有误；

（3）液位传感器的高低位控制点接线错误。

2. 原因分析

（1）施工人员不清楚液位传感器的安装在液体进、出口的危害；

（2）没有正确区分排水型和补水型条件下的安装；

（3）对液位传感器的启停泵条件掌握不足。

3. 相关规范和标准要求

《智能建筑工程施工规范》（GB 50606—2010）的要求如下：

12.4.7 给排水系统的调试应符合下列规定：

1 应对液位、压力等参数进行检测及水泵运行状态的监控和报警进行测试，并应作记录；

2 应能根据水箱水位自动启停水泵。

《自动化仪表工程施工质量验收规范》（GB 50131—2007）的要求如下：

4.5.7 静压液体计取源部件的安装位置应避开液体进、出口。

4. 预防措施

（1）液位传感器的安装位置应避开液体进、出口；

（2）正确区分排水型和补水型条件下液位传感器的安装；

（3）认真研究图纸设计要求，选择合适的液位传感器，确保水泵能自动启停。

5. 工程实例图片

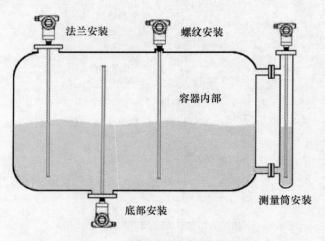

图 9.6-1 液位传感器的安装示意图

9.7 对绞线与压接模块压接质量差，造成网络连接不正常

1. 不符合现象

（1）对绞线与8位模块式通用插座相连时，色标混乱；
（2）终接时对绞线扭绞松开长度太长；
（3）缆线终接处不牢固、松动；
（4）同一布线工程中缆线接头不一致。

2. 原因分析

（1）施工人员未熟练掌握缆线终接的接线工艺和技术；
（2）贪图方便或剥线长度过长；
（3）缆线压接工具松动或磨损太大、压接不到位；
（4）同一布线工程中缆线终接连接方式混合使用。

3. 相关规范和标准要求

《综合布线工程施工规范》（GB 50312—2007）的要求如下：

6.0.1 缆线终接应符合下列要求：

1 缆线在终接前，必须核对缆线标识内容是否正确。

2 缆线中间不应有接头。

3 缆线终接处必须牢固、接触良好。

4 对绞电缆与连接器件连接应认准线号、线位色标，不得颠倒和错接。

6.0.2 对绞电缆终接应符合下列要求：

1 终接时，每对对绞线应保持扭绞状态，扭绞松开长度对于3类电缆不应大于75mm；对于5类电缆不应大于13mm；对于6类电缆应尽量保持扭绞状态，减小扭绞松开长度。

2 对绞线与8位模块式通用插座相连时，必须按色标和线对顺序进行卡接。插座类型、色标和编号应符合图6.0.2的规定。两种连接方式均可采用，但在同一布线工程中两种连接方式不应混合使用。

4. 预防措施

（1）缆线在终接前，必须核对缆线标识内容是否正确；

（2）加强施工人员对规范的学习和技能的培训工作，终接时，每对对绞线应保持扭绞状态，扭绞松开长度对于3类电缆不应大于75mm；对于5类电缆不应大于13mm；对于6类电缆应尽量保持扭绞状态，减小扭绞松开长度；

（3）缆线终接必须采用专业打线工具，并确保接线牢靠、准确；

（4）对绞电缆与连接器件连接应认准线号、线位色标，不得颠倒和错接。同一布线工程中两种连接方式不应混合使用；

（5）同一对绞电缆两端接头采用两种不同连接方式（T568A&T568B）仅适用于设备之间的交叉互联场所。

5. 工程实例图片

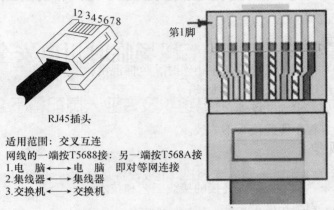

RJ45插头

适用范围：交叉互连
网线的一端按T5688接：另一端按T568A接
1. 电　脑 ←→ 电　脑　即对等网连接
2. 集线器 ←→ 集线器
3. 交换机 ←→ 交换机

图9.7-1　交叉互联：同一对绞电缆两端接头采用两种不同连接方式

图9.7-2　多组对绞电缆与连接器件连接：线号、线位、色标一致

152

第十章 施工现场临时用电安全

10.1 施工用电组织及专业人员配备不全

1. 不符合现象

（1）施工现场临时用电设备在5台及以上或设备总容量在50kW及以上时未编制用电组织设计；

（2）施工现场临时用电组织设计内容有漏项；

（3）临时用电施工无工程图纸；

（4）临时用电未按临时用电组织设计施工。

2. 原因分析

（1）施工人员责任心不强，未按规定编制用电组织设计；

（2）对现场项目考虑不周全，用电组织设计内容不全；

（3）未按规范要求绘制临时用电工程图纸；

（4）临时用电施工未按规定程序执行。

3. 相关规范和标准要求

《施工现场临时用电安全技术规范》（JGJ 46—2005）的要求如下：

3.1.1 施工现场临时用电设备在5台及以上或设备总容量在50kW及以上者，应编制用电组织设计。

3.1.2 施工现场临时用电组织设计应包括下列内容：

1 现场勘测；

2 确定电源进线、变电所或配电室、配电装置、用电设备位置及线路走向；

3 进行负荷计算；

4 选择变压器；

5 设计配电系统：

1）设计配电线路，选择导线或电缆；

2）设计配电装置，选择电器；

3）设计接地装置；

4）绘制临时用电工程图纸，主要包括用电工程总平面图、配电装置布置图、配电系统接线图、接地装置设计图。

6 设计防雷装置；

7 确定防护措施；

8 制定安全用电措施和电气防火措施。

3.1.3 临时用电工程图纸应单独绘制，临时用电工程应按图施工。

3.1.4 临时用电组织设计及变更时，必须履行"编制、审核、批准"程序，由电气工程技术人员组织编制，经相关部门审核及具有法人资格企业的技术负责人批准后实施。变更用电组织设计时应补充有关图纸资料。

3.1.5 临时用电工程必须经编制、审核、批准部门和使用单位共同验收，合格后方可投入使用。

3.1.6 施工现场临时用电设备在5台以下和设备总容量在50kW以下者，应制定安全用电和电气防火措施，并应符合本规范第3.1.4、3.1.5条规定。

4. 预防措施

（1）施工现场临时用电设备在5台及以上或设备总容量在50kW及以上者，应编制用电组织设计；

（2）施工现场临时用电组织设计应包括下列内容；

（3）临时用电工程图纸应单独绘制，临时用电工程应按图施工；

（4）临时用电工程必须经编制、审核、批准部门和使用单位共同验收，合格后方可投入使用。

5. 工程实例图片

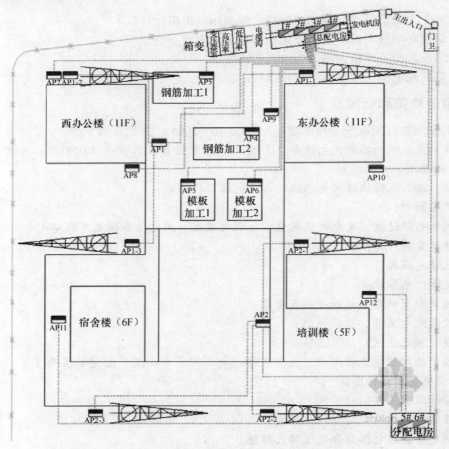

图 10.1-1 临时用电工程总平面图——实例1

154

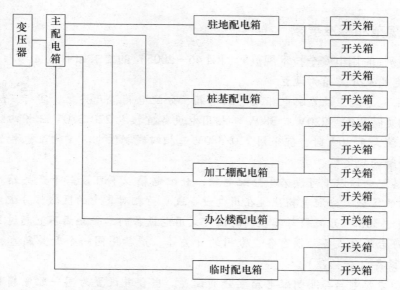

系统要求：三级供电、二级漏电保护
开关箱要求：一机、一闸、一漏、一箱

图 10.1-2　临时用电工程总平面图—实例 2

10.2　配电箱及开关箱的设置及安装不当

1. 不符合现象

（1）配电系统的设置混乱；
（2）用电线路迂回太长、接线不方便；
（3）几台用电设备共用一台开关；
（4）动力开关箱与照明开关箱混用；
（5）配电箱、开关箱箱体松动、无防水防尘措施；
（6）配电箱 N 线、PE 线端子混用混接；
（7）配电箱、开关箱的金属箱体底座、外壳未接地。

2. 原因分析

（1）配电系统的设置未按"三级配电"设置；
（2）配电箱、分配电箱设置位置不合理，未考虑负荷分布；
（3）用电设备未按照"一机一闸"设置开关；
（4）贪图方便，动力开关箱与照明开关箱未分开设置；
（5）配电箱、开关箱箱体安装不牢固；
（6）配电箱内未设置专用的 N 线、PE 线端子排；
（7）未按规范规定采取必要的接地措施。

3. 相关规范和标准要求

《施工现场临时用电安全技术规范》（JGJ 46—2005）的要求如下：

8.1 配电箱及开关箱的设置

8.1.1 配电系统应设置配电柜或总配电箱、分配电箱、开关箱，实行三级配电。配电系统宜使三相负荷平衡。220V 或 380V 单相用电设备宜接入 220/380V 三相四线系统；当单相照明线路电流大于 30A 时，宜采用 220/380V 三相四线制供电。室内配电柜的设置应符合本规范第 6.1 节的规定。

8.1.2 总配电箱以下可设若干分配电箱；分配电箱以下可设若干开关箱。总配电箱应设在靠近电源的区域，分配电箱应设在用电设备或负荷相对集中的区域，分配电箱与开关箱的距离不得超过 30m，开关箱与其控制的固定式用电设备的水平距离不宜超过 3m。

8.1.3 每台用电设备必须有各自专用的开关箱，严禁用同一个开关箱直接控制 2 台及 2 台以上用电设备（含插座）。

8.1.4 动力配电箱与照明配电箱宜分别设置。当合并设置为同一配电箱时，动力和照明应分路配电；动力开关箱与照明开关箱必须分设。

8.1.5 配电箱、开关箱应装设在干燥、通风及常温场所，不得装设在有严重损伤作用的瓦斯、烟气、潮气及其他有害介质中，亦不得装设在易受外来固体物撞击、强烈振动、液体浸溅及热源烘烤场所。否则，应予清除或做防护处理。

8.1.6 配电箱、开关箱周围应有足够 2 人同时工作的空间和通道，不得堆放任何妨碍操作、维修的物品，不得有灌木、杂草。

8.1.7 配电箱、开关箱应采用冷轧钢板或阻燃绝缘材料制作，钢板厚度应为 1.2 ~ 2.0mm，其中开关箱箱体钢板厚度不得小于 1.2mm，配电箱箱体钢板厚度不得小于 1.5mm，箱体表面应做防腐处理。

8.1.8 配电箱、开关箱应装设端正、牢固。固定式配电箱、开关箱的中心点与地面的垂直距离应为 1.4 ~ 1.6m。移动式配电箱、开关箱应装设在坚固、稳定的支架上。其中心点与地面的垂直距离宜为 0.8 ~ 1.6m。

8.1.9 配电箱、开关箱内的电器（含插座）应先安装在金属或非木质阻燃绝缘电器安装板上，然后方可整体紧固在配电箱、开关箱箱体内。金属电器安装板与金属箱体应做电气连接。

8.1.10 配电箱、开关箱内的电器（含插座）应按其规定位置紧固在电器安装板上，不得歪斜和松动。

8.1.11 配电箱的电器安装板上必须分设 N 线端子板和 PE 线端子板。N 线端子板必须与金属电器安装板绝缘；PE 线端子板必须与金属电器安装板做电气连接。进出线中的 N 线必须通过 N 线端子板连接；PE 线必须通过 PE 线端子板连接。

8.1.12 配电箱、开关箱内的连接线必须采用铜芯绝缘导线。导线绝缘的颜色标志应按本规范第 5.1.11 条要求配置并排列整齐；导线分支接头不得采用螺栓压接，应采用焊接并做绝缘包扎，不得有外露带电部分。

8.1.13 配电箱、开关箱的金属箱体、金属电器安装板以及电器正常不带电的金属底座、外壳等必须通过 PE 线端子板与 PE 线做电气连接，金属箱门与金属箱体必须通过采用编织软铜线做电气连接。

8.1.14 配电箱、开关箱的箱体尺寸应与箱内电器的数量和尺寸相适应，箱内电器安装板板面电器安装尺寸可按照表8.1.14确定。

表8.1.14 配电箱、开关箱内电器安装尺寸选择值

间距名称	最小净距（mm）
并列电器（含单极熔断器）间	30
电器进、出线瓷管（塑胶管）孔与电器边沿间	15A，30 20～30A，50 60A及以上，80
上、下排电器进出线瓷管（塑胶管）孔间	25
电器进、出线瓷管（塑胶管）孔至板边	40
电器至板边	40

8.1.15 配电箱、开关箱中导线的进线口和出线口应设在箱体的下底面。

8.1.16 配电箱、开关箱的进、出线口应配置固定线卡，进出线应加绝缘护套并成束卡固在箱体上，不得与箱体直接接触。移动式配电箱、开关箱的进、出线应采用橡皮护套绝缘电缆，不得有接头。

8.1.17 配电箱、开关箱外形结构应能防雨、防尘。

4. 预防措施

（1）配电系统应设置配电柜或总配电箱、分配电箱、开关箱，实行三级配电；

（2）总配电箱应设在靠近电源的区域，分配电箱应设在用电设备或负荷相对集中的区域；

（3）每台用电设备必须有各自专用的开关箱，一个开关箱只能控制一台用电设备（含插座）；

（4）动力开关箱与照明开关箱必须分设；配电箱、开关箱应装设端正、牢固；

（5）配电箱的电器安装板上必须分设N线端子板和PE线端子板；

（6）配电箱、开关箱的金属箱体底座、外壳等必须通过PE线端子板与PE线做电气连接，金属箱门与金属箱体必须通过采用编织软铜线做电气连接。

5. 工程实例图片

图10.2-1 末级配电箱设置漏电保护器

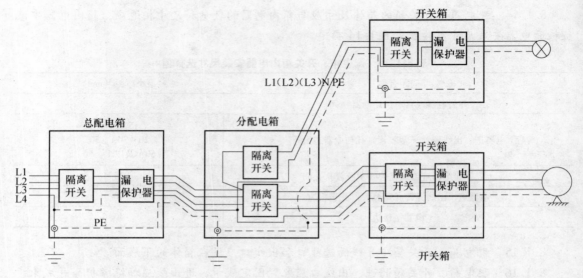

图 10.2-2　三级配电箱系统图

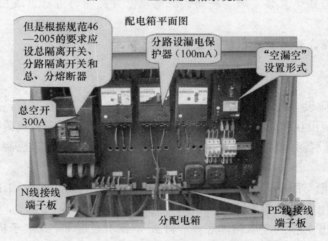

图 10.2-3　错误做法：分配电箱进线开关设置不合理

图 10.2-4　总配电柜柜门电气连接节点图

158

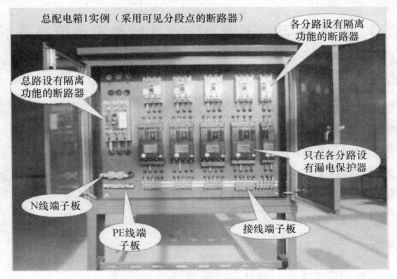

图 10.2-5　总配电柜示意图

图 10.2-6　分配电箱示意图

图 10.2-7　分配电箱 PE、N 线端子板节点图

图 10.2-8　分配电箱箱门电气连接节点图

10.3　施工配电室布置及防雷接地措施不符合要求

1. 不符合现象

（1）配电室的位置设置不合理；

（2）配电室内的操作通道未按规范规定设置；

（3）未按规定悬挂停电维修标志牌；

（4）配电室管理混乱；

（5）同一供电系统时，接零、接地保护措施不一致；

（6）接地装置的接地电阻不合要求。

2. 原因分析

（1）配电室位置的设置未进行总体布局和规划；

（2）配电室的的操作通道宽度太窄、通行困难；

（3）配电柜或配电线路未修未悬挂停电维修标志牌；

（4）配电室有杂物；

（5）同一供电系统时，一部分设备做保护接零，另一部分设备做保护接地；

（6）未按规范要求埋设接地装置。

3. 相关规范和标准要求

《施工现场临时用电安全技术规范》（JGJ 46—2005）的要求如下：

6.1　配电室

6.1.1　配电室应靠近电源，并应设在灰尘少、潮气少、振动小、无腐蚀介质、无易燃易爆物及道路畅通的地方。

6.1.2　成列的配电柜和控制柜两端应与重复接地线及保护零线做电气连接。

6.1.3　配电室和控制室应能自然通风，并应采取防止雨雪侵入和动物进入的措施。

6.1.4　配电室布置应符合下列要求：

1　配电柜正面的操作通道宽度，单列布置或双列背对背布置不小于1.5m，双列面对面布置不小于2m；

2　配电柜后面的维护通道宽度，单列布置或双列面对面布置不小于0.8m，双列背对背布置不小于1.5m，个别地点有建筑物结构凸出的地方，则此点通道宽度可减少0.2m；

3　配电柜侧面的维护通道宽度不小于1m；

4　配电室的顶棚与地面的距离不低于3m；

5　配电室内设置值班或检修室时，该室边缘距配电柜的水平距离大于1m，并采取屏障隔离；

6　配电室内的裸母线与地面垂直距离小于2.5m时，采用遮栏隔离，遮栏下面通道的高度不小于1.9m；

7　配电室围栏上端与其正上方带电部分的净距不小于0.075m；

8　配电装置的上端距顶棚不小于0.5m；

9　配电室内的母线涂刷有色油漆，以标志相序；以柜正面方向为基准，其涂色符合表6.1.4规定；

表6.1.4　母线涂色

相别	颜色	垂直排列	水平排列	引下排列
L1（A）	黄	上	后	左
L2（B）	绿	中	中	中
L3（C）	红	下	前	右
N	淡蓝	—	—	—

10　配电室的建筑物和构筑物的耐火等级不低于3级，室内配置砂箱和可用于扑灭电气火灾的灭火器；

11　配电室的门向外开，并配锁；

12　配电室的照明分别设置正常照明和事故照明。

6.1.5　配电柜应装设电度表，并应装设电流、电压表。电流表与计费电度表不得共用一组电流互感器。

6.1.6　配电柜应装设电源隔离开关及短路、过载、漏电保护电器。电源隔离开关分断时应有明显可见分断点。

6.1.7　配电柜应编号，并应有用途标记。

6.1.8　配电柜或配电线路停电维修时，应挂接地线，并应悬挂"禁止合闸、有人工作"停电标志牌。停送电必须由专人负责。

6.1.9　配电室应保持整洁，不得堆放任何妨碍操作、维修的杂物。

5　接地与防雷

5.1.1　在施工现场专用变压器的供电的TN-S接零保护系统中，电气设备的金属外壳必须与保护零线连接。保护零线应由工作接地线、配电室（总配电箱）电源侧零线或总漏电保护器电源侧零线处引出。

5.1.2　当施工现场与外电线路共用同一供电系统时，电气设备的接地、接零保护应与原系统保持一致。不得一部分设备做保护接零，另一部分设备做保护接地。采用TN系统做保护接零时，工作零线（N线）必须通过总漏电保护器，保护零线（PE线）必须由电源进线零线重复接地处或总漏电保护器电源侧零线处，引出形成局部TN-S接零保护系统。

5.1.3　在TN接零保护系统中，通过总漏电保护器的工作零线与保护零线之间不得再做电气连接。

5.1.4　在TN接零保护系统中，PE零线应单独敷设。重复接地线必须与PE线相连接，严禁与N线相连接。

5.1.5　使用一次侧由50V以上电压的接零保护系统供电，二次侧为50V及以下电压的安全隔离变压器时，二次侧不得接地，并应将二次线路用绝缘管保护或采用橡皮护套软线。当采用普通隔离变压器时，其二次侧一端应接地，且变压器正常不带电的外露可导电部分应与一次回路保护零线相连接。以上变压器尚应采取防直接接触带电体的保护措施。

5.1.6 施工现场的临时用电电力系统严禁利用大地做相线或零线。

5.1.7 接地装置的设置应考虑土壤干燥或冻结等季节变化的影响，并应符合表5.1.7的规定，接地电阻值在四季中均应符合本规范第5.3节的要求。但防雷装置的冲击接地电阻值只考虑在雷雨季节中土壤干燥状态的影响。

表5.1.7 接地装置的季节系数 φ 值

埋深（m）	水平接地体	长2~3m的垂直接地体
0.5	1.4~1.8	1.2~1.4
0.8~1.0	1.25~1.45	1.15~1.3
2.5~3.0	1.0~1.1	1.0~1.1

注：大地比较干燥时，取表中较小值；比较潮湿时，取表中较大值。

5.1.8 PE线所用材质与相线、工作零线（N线）相同时，其最小截面应符合表5.1.8的规定。

表5.1.8 PE线截面与相线截面的关系

相线芯线截面 S（mm^2）	PE线最小截面（mm^2）
$S \leqslant 16$	S
$16 < S \leqslant 35$	16
$S > 35$	$S/2$

5.1.9 保护零线必须采用绝缘导线。配电装置和电动机械相连接的凹线应为截面不小于 $2.5mm^2$ 的绝缘多股铜线。手持式电动工具的PE线应为截面不小于 $1.5mm^2$ 的绝缘多股铜线。

5.1.10 PE线上严禁装设开关或熔断器，严禁通过工作电流，且严禁断线。

5.1.11 相线、N线、PE线的颜色标记必须符合以下规定：相线L1（A）、L2（B）、L3（C）相序的绝缘颜色依次为黄、绿、红色；N线的绝缘颜色为淡蓝色；PE线的绝缘颜色为绿/黄双色。任何情况下上述颜色标记严禁混用和互相代用。

4. 预防措施

（1）配电室位置配电室应靠近电源，并应设在灰尘少、潮气少、振动小、无腐蚀介质、无易燃易爆物及道路畅通的地方；

（2）配电室配电柜正面、背面、侧面的操作通的操作通道应符合JGJ 46—2005 的6.1.4规定；

（3）配电柜或配电线路停电维修时，应挂接地线，并应悬挂"禁止合闸、有人工作"停电标志牌。停送电必须由专人负责；

（4）配电室应保持整洁，不得堆放任何妨碍操作、维修的杂物；

（5）同当施工现场与外电线路共用同一供电系统时，电气设备的接地、接零保护应与原系统保持一致。不得一部分设备做保护接零，另一部分设备做保护接地；

（6）严格按规范 JGJ 46—2005 的5.1.7 要求进行接地装置的设置。

5. 工程实例图片

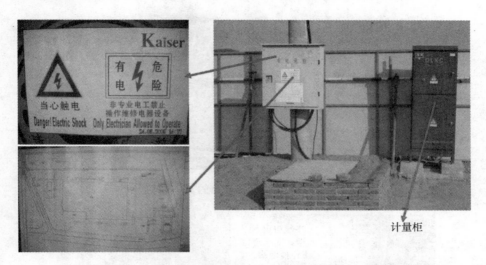

计量柜

图 10.3-1 现场总箱贴有安全警示标语及临时电平面布置图，并独立设置计量柜

图 10.3-2 配电箱上的安全警示标志

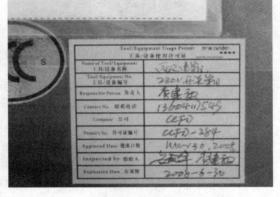

图 10.3-3 配电箱设专人管理、接线规范

图 10.3-4 室外配电室的布置和防护措施

图 10.3-5 室外计量装置

图 10.3-6　室外杆上变压器的安装和接线

图 10.3-7　室外变压器的接地安装

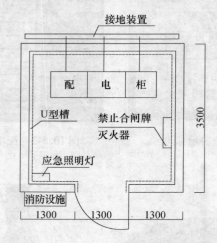

图 10.3-8　施工配电室布置图

10.4　现场照明装置及其供电不合要求

1. 不符合现象

（1）施工现场只设置了局部照明，场地照明昏暗、有安全隐患；

164

（2）照明采用普通白炽灯泡，无防护装置或措施；

（3）潮湿和易触及带电体场所未采用安全电压供电；

（4）照明灯具的金属外壳必须与 PE 线相连接；

（5）施工现场照明灯具安装高度低于 2.5m。

2. 原因分析

（1）施工人员贪图方便，照明设置不足；

（2）未按规定采购专用灯具；

（3）无视规范要求，特殊场所照明未设置局部照明变压器；

（4）施工人员责任心不强，未敷设 PE 线；

（5）贪图方便，未按规范要求的安装高度设置照明灯具。

3. 相关规范和标准要求

《施工现场临时用电安全技术规范》（JGJ 46—2005）的要求如下：

10.1 一般规定

10.1.1 在坑、洞、井内作业、夜间施工或厂房、道路、仓库、办公室、食堂、宿舍、料具堆放场及自然采光差等场所，应设一般照明、局部照明或混合照明。在一个工作场所内，不得只设局部照明。停电后，操作人员需及时撤离的施工现场，必须装设自备电源的应急照明。

10.1.2 现场照明应采用高光效、长寿命的照明光源。对需大面积照明的场所，应采用高压汞灯、高压钠灯或混光用的卤钨灯等。

10.1.3 照明器的选择必须按下列环境条件确定：

1 正常湿度一般场所，选用开启式照明器；

2 潮湿或特别潮湿场所，选用密闭型防水照明器或配有防水灯头的开启式照明器；

3 含有大量尘埃但无爆炸和火灾危险的场所，选用防尘型照明器；

4 有爆炸和火灾危险的场所，按危险场所等级选用防爆型照明器；

5 存在较强振动的场所，选用防振型照明器；

6 有酸碱等强腐蚀介质场所，选用耐酸碱型照明器。

10.1.4 照明器具和器材的质量应符合国家现行有关强制性标准的规定，不得使用绝缘老化或破损的器具和器材。

10.1.5 无自然采光的地下大空间施工场所，应编制单项照明用电方案。

10.2 照明供电

10.2.1 一般场所宜选用额定电压为 220V 的照明器。

10.2.2 下列特殊场所应使用安全特低电压照明器：

1 隧道、人防工程、高温、有导电灰尘、比较潮湿或灯具离地面高度低于 2.5m 等场所的照明，电源电压不应大于 36V；

2 潮湿和易触及带电体场所的照明，电源电压不得大于 24V；

3 特别潮湿场所、导电良好的地面、锅炉或金属容器内的照明，电源电压不得大于 12V。

10.2.3 使用行灯应符合下列要求：

1 电源电压不大于 36V；

2 灯体与手柄应坚固、绝缘良好并耐热耐潮湿；

3 灯头与灯体结合牢固，灯头无开关；

4 灯泡外部有金属保护网；

5 金属网、反光罩、悬吊挂钩固定在灯具的绝缘部位上。

10.2.4 远离电源的小面积工作场地、道路照明、警卫照明或额定电压为 12～36V 照明的场所，其电压允许偏移值为额定电压值的 -10%～5%；其余场所电压允许偏移值为额定电压值的 ±5%。

10.2.5 照明变压器必须使用双绕组型安全隔离变压器，严禁使用自耦变压器。

10.2.6 照明系统宜使三相负荷平衡，其中每一单相回路上，灯具和插座数量不宜超过 25 个，负荷电流不宜超过 15A。

10.2.7 携带式变压器的一次侧电源线应采用橡皮护套或塑料护套铜芯软电缆，中间不得有接头，长度不宜超过 3m，其中绿/黄双色线只可作芯线使用，电源插销应有保护触头。

10.2.8 工作零线截面应按下列规定选择：

1 单相二线及二相二线线路中，零线截面与相线截面相同；

2 三相四线制线路中，当照明器为白炽灯时，零线截面不小于相线截面的 50%；当照明器为气体放电灯时，零线截面按最大负载相的电流选择；

3 在逐相切断的三相照明电路中，零线截面与最大负载相相线截面相同。

10.2.9 室内、室外照明线路的敷设应符合本规范第 7 章要求。

10.3 照明装置

10.3.1 照明灯具的金属外壳必须与 PE 线相连接，照明开关箱内必须装设隔离开关、短路与过载保护电器和漏电保护器，并应符合本规范第 8.2.5 条和第 8.2.6 条的规定。

10.3.2 室外 220V 灯具距地面不得低于 3m，室内 220V 灯具距地面不得低于 2.5m。

普通灯具与易燃物距离不宜小于 300mm；聚光灯、碘钨灯等高热灯具与易燃物距离不宜小于 500mm，且不得直接照射易燃物。达不到规定安全距离时，应采取隔热措施。

10.3.3 路灯的每个灯具应单独装设熔断器保护。灯头线应做防水弯。

10.3.4 荧光灯管应采用管座固定或用吊链悬挂。荧光灯的镇流器不得安装在易燃的结构物上。

10.3.5 碘钨灯及钠、铊、铟等金属卤化物灯具的安装高度宜在 3m 以上，灯线应固定在接线柱上，不得靠近灯具表面。

10.3.6 投光灯的底座应安装牢固，应按需要的光轴方向将枢轴拧紧固定。

10.3.7 螺口灯头及其接线应符合下列要求：

1 灯头的绝缘外壳无损伤、无漏电；

2 相线接在与中心触头相连的一端，零线接在与螺纹口相连的一端。

10.3.8 灯具内的接线必须牢固，灯具外的接线必须做可靠的防水绝缘包扎。

10.3.9 暂设工程的照明灯具宜采用拉线开关控制，开关安装位置宜符合下列要求：

1 拉线开关距地面高度为 2～3m，与出入口的水平距离为 0.15～0.2m，拉线的出口向下；

2 其他开关距地面高度为 1.3m，与出入口的水平距离为 0.15～0.2m。

10.3.10 灯具的相线必须经开关控制，不得将相线直接引入灯具。

10.3.11 对夜间影响飞机或车辆通行的在建工程及机械设备，必须设置醒目的红色信号灯，其电源应设在施工现场总电源开关的前侧，并应设置外电线路停止供电时的应急自备电源。

4. 预防措施

（1）夜间现场作业、施工或料具堆放场等场所，应设一般照明、局部照明或混合照明；

（2）照明器采购应按 JGJ 46—2005 的 10.1.2，10.1.3 规定执行；

（3）特殊场所照明应设置局部照明变压器，并按 JGJ 46—2005 的 10.2.2 规定使用照明器；

（4）照明灯具的金属外壳必须与 PE 线相连接，照明开关箱内必须装设隔离开关、短路与过载保护电器和漏电保护器；

（5）室外 220V 灯具距地面不得低于 3m，室内 220V 灯具距地面不得低于 2.5m，灯线应固定在接线柱上，不得靠近灯具表面。

5. 工程实例图片

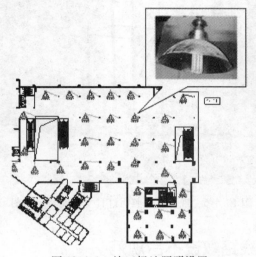

图 10.4-1　施工场地照明设置

图 10.4-2　施工场地照明

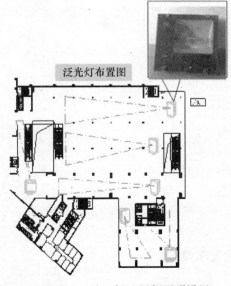

图 10.4-3　施工场地局部照明设置

图 10.4-4　现场局部照明

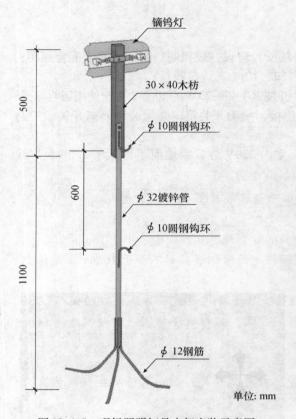

图 10.4-5 现场照明灯具支架安装示意图

图 10.4-6 现场泛光照明灯具支架安装示意图

10.5 施工现场的配电线路敷设不合规范

1. 不符合现象

（1）架空线采用裸线；

（2）横担上架设的导线相序排列不合规定；

（3）架空线路的档距大于 35m；

（4）架空线路横担间距排布不规律；

（5）电缆直接埋地敷设的深度小于 0.7m，且无保护层。

2. 原因分析

（1）施工人员偷工减料，未按规定购买绝缘线；

（2）施工人员责任心不强，未按操作规程布线；

（3）偷工减料，私自减少了电杆数量；

（4）对安装技术规则不熟悉，横担间距未按规定要求设置；

（5）贪图方便，电缆沟开挖深度不够。

3. 相关规范和标准要求

《施工现场临时用电安全技术规范》（JGJ 46—2005）的要求如下：

7.1 架空线路

7.1.1 架空线必须采用绝缘导线。

7.1.2 架空线必须架设在专用电杆上，严禁架设在树木、脚手架及其他设施上。

7.1.3 架空线导线截面的选择应符合下列要求：

1 导线中的计算负荷电流不大于其长期连续负荷允许载流量。

2 线路末端电压偏移不大于其额定电压的5%。

3 三相四线制线路的N线和PE线截面不小于相线截面的50%，单相线路的零线截面与相线截面相同。

4 按机械强度要求，绝缘铜线截面不小于$10mm^2$，绝缘铝线截面不小于$16mm^2$。

5 在跨越铁路、公路、河流、电力线路档距内，绝缘铜线截面不小于$16mm^2$，绝缘铝线截面不小于$25mm^2$。

7.1.4 架空线在一个档距内，每层导线的接头数不得超过该层导线条数的50%，且一条导线应只有一个接头。在跨越铁路、公路、河流、电力线路档距内，架空线不得有接头。

7.1.5 架空线路相序排列应符合下列规定：

1 动力、照明线在同一横担上架设时，导线相序排列是：面向负荷从左侧起依次为L1、N、L2、L3、PE；

2 动力、照明线在二层横担上分别架设时，导线相序排列是：上层横担面向负荷从左侧起依次为L1、L2、L3；下层横担面向负荷从左侧起依次为L1（L2、L3）、N、PE。

7.1.6 架空线路的档距不得大于35m。

7.1.7 架空线路的线间距不得小于0.3m，靠近电杆的两导线的间距不得小于0.5m。

7.1.8 架空线路横担间的最小垂直距离不得小于表7.1.8-1所列数值；横担宜采用角钢或方木，低压铁横担角钢应按表7.1.8-2选用，方木横担截面应按$80mm \times 80mm$选用；横担长度应按表7.1.8-3选用。

表7.1.8-1 横担间的最小垂直距离

排列方式	直线杆	分支或转角杆
高压与低压	1.2	1.0
低压与低压	0.6	0.3

表7.1.8-2 低压铁横担角钢选用

导线截面（mm^2）	直线杆	分支或转角杆	
		二线及三线	四线及以上
16、25、35、50	L50×5	2×L50×5	2×L63×5
70、95、120	L63×5	2×L63×5	2×L70×6

表7.1.8-3　横担长度选用

横担长度（m）		
二线	三线、四线	五线
0.7	1.5	1.8

7.1.9　架空线路与邻近线路或固定物的距离应符合表7.1.9的规定。

表7.1.9　架空线路与邻近线路或固定物的距离

项目	距离类别					
最小净空距离（m）	架空线路的过引线、接下线与邻线		架空线与架空线电杆外缘		架空线与摆动最大时树梢	
	0.13		0.05		0.50	
最小垂直距离（m）	架空线同杆架设下方的通信、广播线路	架空线最大弧垂与地面			架空线最大弧垂与暂设工程顶端	架空线与邻近电力线路交叉
		施工现场	机动车道	铁路轨道		1kV以下	1～10kV
	1.0	4.0	6.0	7.5	2.5	1.2	2.5
最小水平距离（m）	架空线电杆与路基边缘		架空线电杆与铁路轨道边缘		架空线边线与建筑物凸出部分	
	1.0		杆高（m）+3.0		1.0	

7.1.10　架空线路宜采用钢筋混凝土杆或木杆。钢筋混凝土杆不得有露筋、宽度大于0.4mm的裂纹和扭曲；木杆不得腐朽，其梢径不应小于140mm。

7.1.11　电杆埋设深度宜为杆长的1/10加0.6m，回填土应分层夯实。在松软土质处宜加大埋入深度或采用卡盘等加固。

7.1.12　直线杆和15°以下的转角杆，可采用单横担单绝缘子，但跨越机动车道时应采用单横担双绝缘子；15°到45°的转角杆应采用双横担双绝缘子；45°以上的转角杆，应采用十字横担。

7.1.13　架空线路绝缘子应按下列原则选择：

1　直线杆采用针式绝缘子；

2　耐张杆采用蝶式绝缘子。

7.1.14　电杆的拉线宜采用不少于3根$D4.0$mm的镀锌钢丝。拉线与电杆的夹角应在30°～45°之间。拉线埋设深度不得小于1m。电杆拉线如从导线之间穿过，应在高于地面2.5m处装设拉线绝缘子。

7.1.15　因受地形环境限制不能装设拉线时，可采用撑杆代替拉线，撑杆埋设深度不得小于0.8m，其底部应垫底盘或石块。撑杆与电杆的夹角宜为30°。

7.1.16　接户线在档距内不得有接头，进线处离地高度不得小于2.5m。接户线最小截面应符合表7.1.16-1规定。接户线线间及与邻近线路间的距离应符合表7.1.16-2的要求。

表 7.1.16-1　接户线的最小截面

接户线架设方式	接户线长度（m）	接户线截面（mm²）	
		铜线	铝线
架空或沿墙敷设	10～25	6.0	10.0
	≤10	4.0	6.0

表 7.1.16-2　接户线线间及与邻近线路间的距离

接户线架设方式	接户线档距（m）	接户线线间距离（mm）
架空敷设	≤25	150
	>25	200
沿墙敷设	≤6	100
	>6	150
架空接户线与广播电话线交叉时的距离（mm）		接户线在上部，600 接户线在下部，300
架空或沿墙敷设的接户线零线和相线交叉时的距离（mm）		100

7.1.17　架空线路必须有短路保护。

采用熔断器做短路保护时，其熔体额定电流不应大于明敷绝缘导线长期连续负荷允许载流量的1.5倍。采用断路器做短路保护时，其瞬动过流脱扣器脱扣电流整定值应小于线路末端单相短路电流。

7.1.18　架空线路必须有过载保护。

采用熔断器或断路器做过载保护时，绝缘导线长期连续负荷允许载流量不应小于熔断器熔体额定电流或断路器长延时过流脱扣器脱扣电流整定值的1.25倍。

7.2　电缆线路

7.2.1　电缆中必须包含全部工作芯线和用作保护零线或保护线的芯线。需要三相四线制配电的电缆线路必须采用五芯电缆。

五芯电缆必须包含淡蓝、绿/黄二种颜色绝缘芯线。淡蓝色芯线必须用作 N 线；绿/黄双色芯线必须用作 PE 线，严禁混用。

7.2.2　电缆截面的选择应符合本规范第7.1.3条1、2、3款的规定，根据其长期连续负荷允许载流量和允许电压偏移确定。

7.2.3　电缆线路应采用埋地或架空敷设，严禁沿地面明设，并应避免机械损伤和介质腐蚀。埋地电缆路径应设方位标志。

7.2.4　电缆类型应根据敷设方式、环境条件选择。埋地敷设宜选用铠装电缆；当选用无铠装电缆时，应能防水、防腐。架空敷设宜选用无铠装电缆。

7.2.5　电缆直接埋地敷设的深度不应小于0.7m，并应在电缆紧邻上、下、左、右侧均匀敷设不小于50mm厚的细砂，然后覆盖砖或混凝土板等硬质保护层。

7.2.6　埋地电缆在穿越建筑物、构筑物、道路、易受机械损伤、介质腐蚀场所及引出地面从2.0m高到地下0.2m处，必须加设防护套管，防护套管内径不应小于电缆外径的1.5倍。

7.2.7 埋地电缆与其附近外电电缆和管沟的平行间距不得小于2m，交叉间距不得小于1m。

7.2.8 埋地电缆的接头应设在地面上的接线盒内，接线盒应能防水、防尘、防机械损伤，并应远离易燃、易爆、易腐蚀场所。

7.2.9 架空电缆应沿电杆、支架或墙壁敷设，并采用绝缘子固定，绑扎线必须采用绝缘线，固定点间距应保证电缆能承受自重所带来的荷载，敷设高度应符合本规范第7.1节架空线路敷设高度的要求，但沿墙壁敷设时最大弧垂距地不得小于2.0m。

架空电缆严禁沿脚手架、树木或其他设施敷设。

7.2.10 在建工程内的电缆线路必须采用电缆埋地引入，严禁穿越脚手架引入。电缆垂直敷设应充分利用在建工程的竖井、垂直孔洞等，并宜靠近用电负荷中心，固定点每楼层不得少于一处。电缆水平敷设宜沿墙或门口刚性固定，最大弧垂距地不得小于2.0m。

装饰装修工程或其他特殊阶段，应补充编制单项施工用电方案。电源线可沿墙角、地面敷设，但应采取防机械损伤和电火措施。

7.2.11 电缆线路必须有短路保护和过载保护，短路保护和过载保护电器与电缆的选配应符合本规范第7.1.17条和7.1.18条要求。

7.3 室内配线

7.3.1 室内配线必须采用绝缘导线或电缆。

7.3.2 室内配线应根据配线类型采用瓷瓶、瓷（塑料）夹、嵌绝缘槽、穿管或钢索敷设。

潮湿场所或埋地非电缆配线必须穿管敷设，管口和管接头应密封；当采用金属管敷设时，金属管必须做等电位连接，且必须与PE线相连接。

7.3.3 室内非埋地明敷主干线距地面高度不得小于2.5m。

7.3.4 架空进户线的室外端应采用绝缘子固定，过墙处应穿管保护，距地面高度不得小于2.5m，并应采取防雨措施。

7.3.5 室内配线所用导线或电缆的截面应根据用电设备或线路的计算负荷确定，但铜线截面不应小于$1.5mm^2$，铝线截面不应小于$2.5mm^2$。

7.3.6 钢索配线的吊架间距不宜大于12m。采用瓷夹固定导线时，导线间距不应小于35mm，瓷夹间距不应大于800mm；采用瓷瓶固定导线时，导线间距不应小于100mm，瓷瓶间距不应大于1.5m；采用护套绝缘导线或电缆时，可直接敷设于钢索上。

7.3.7 室内配线必须有短路保护和过载保护，短路保护和过载保护电器与绝缘导线、电缆的选配应符合本规范第7.1.17条和7.1.18条要求。对穿管敷设的绝缘导线线路，其短路保护熔断器的熔体额定电流不应大于穿管绝缘导线长期连续负荷允许载流量的2.5倍。

4. 预防措施

（1）架空线必须采用绝缘导线。必须架设在专用电杆上，严禁架设在树木、脚手架及其他设施上，电杆采用钢筋混凝土杆或木杆；

（2）横担上架设的导线相序排列必须符合下列规定：

①动力、照明线在同一横担上架设时，导线相序排列是：面向负荷从左侧起依次为L1、

172

N、L2、L3、PE；

②动力、照明线在二层横担上分别架设时，导线相序排列是：上层横担面向负荷从左侧起依次为 L1、L2、L3；下层横担面向负荷从左侧起依次为 L1（L2、L3）、N、PE。

（3）架空线路的档距应小于 35m；

（4）架空线路横担宜采用角钢或方木，横担间的最小垂直距离按照 JGJ 46—2005 表 7.1.8-1 选用；横担截面应按表 7.1.8-2 选用；横担长度应按表 7.1.8-3 选用；

（5）电缆直接埋地敷设的深度不应小于 0.7m，并应在电缆紧邻上、下、左、右侧均匀敷设不小于 50mm 厚的细砂，然后覆盖砖或混凝土板等硬质保护层。电缆截面和材质应按 JGJ 46—2005 第 7.2 条要求选取；

（6）室内线路的布置应严格按 JGJ 46—2005 第 7.3 条要求执行。

5. 工程实例图片

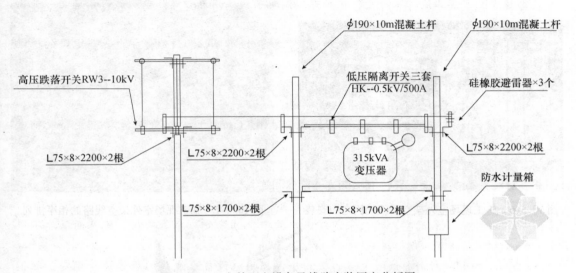

图 10.5-1　室外配电设备及线路安装固定分析图

图 10.5-2　室外用电设备的接线采用专用插头

图 10.5-3　室内施工配电干线的敷设

图 10.5-4　施工现场室外架空干线分支及标识

图 10.5-5　施工现场室外架空线路的横担安装

图 10.5-6　施工现场室外架空干线的固定和安装

图 10.5-7　施工现场室外架空线路的相序排列

图 10.5-8　施工现场室外架空线路的进户安装

10.6　施工现场的线路防护及用电设备的防护不合规范

1. 不符合现象

（1）在外电架空线路正下方施工、搭设作业棚，且无防护措施；

174

（2）在建工程（含脚手架）的周边与外电架空线路的边线距离太小；

（3）起重机越过无防护设施的外电架空线路作业；

（4）施工现场开挖沟槽边缘与外电埋地电缆沟槽边缘之间的距离过小，电缆暴露；

（5）电动建筑机械、手持式电动工具的产品合格证和使用说明书不全；

（6）塔式起重机、外用电梯、滑升模板的金属操作平台未做重复接地；

（7）电动建筑机械和手持式电动工具的负荷线烧毁。

2. 原因分析

（1）线路架设不合理或防护措施不到位；

（2）施工用电组织设计不合理或审核不严；

（3）施工用电组织设计不合理或线路敷设方式不合理；

（4）施工现场管理不细致；

（5）现场管理不到位或资料不全；

（6）未按操作规程做好重复接地措施的前期准备工作；

（7）线路选取未经负荷计算或超负荷用电。

3. 相关规范和标准要求

《施工现场临时用电安全技术规范》（JGJ 46—2005）的要求如下：

4.1　外电线路防护

4.1.1　在建工程不得在外电架空线路正下方施工、搭设作业棚、建造生活设施或堆放构件、架具、材料及其他杂物等。

4.1.2　在建工程（含脚手架）的周边与外电架空线路的边线之间的最小安全操作距离应符合表4.1.2规定。

表4.1.2　在建工程（含脚手架）的周边与架空线路的边线之间的最小安全操作距离

外电线路电压等级（kV）	<1	1～10	35～110	220	330～500
最小安全操作距离（m）	4.0	6.0	8.0	10	15

注：上、下脚手架的斜道不宜设在有外电线路的一侧。

4.1.3　施工现场的机动车道与外电架空线路交叉时，架空线路的最低点与路面的最小垂直距离应符合表4.1.3规定。

表4.1.3　施工现场的机动车道与架空线路交叉时的最小垂直距离

外电线路电压等级（kV）	<1	1～10	35
最小垂直距离（m）	6.0	7.0	7.0

4.1.4　起重机严禁越过无防护设施的外电架空线路作业。在外电架空线路附近吊装时，起重机的任何部位或被吊物边缘在最大偏斜时与架空线路边线的最小安全距离应符合表4.1.4规定。

表 4.1.4　起重机与架空线路边线的最小安全距离

电压（kV） 安全距离（m）	<1	10	35	110	220	330	500
沿垂直方向	1.5	3.0	4.0	5.0	6.0	7.0	8.5
沿水平方向	1.5	2.0	3.5	4.0	6.0	7.0	8.5

4.1.5　施工现场开挖沟槽边缘与外电埋地电缆沟槽边缘之间的距离不得小于0.5m。

4.1.6　当达不到本规范第4.1.2~4.1.4条中的规定时，必须采取绝缘隔离防护措施，并应悬挂醒目的警告标志。架设防护设施时，必须经有关部门批准，采用线路暂时停电或其他可靠的安全技术措施，并应有电气工程技术人员和专职安全人员监护。防护设施与外电线路之间的安全距离不应小于表4.1.6所列数值。防护设施应坚固、稳定，且对外电线路的隔离防护应达到 IP30 级。

表 4.1.6　防护设施与外电线路之间的最小安全距离

外电线路电压等级（kV）	≤10	35	110	220	330	500
最小安全距离（m）	1.7	2.0	2.5	4.0	5.0	6.0

4.1.7　当本规范第4.1.6条规定的防护措施无法实现时，必须与有关部门协商，采取停电、迁移外电线路或改变工程位置等措施，未采取上述措施的严禁施工。

4.1.8　在外电架空线路附近开挖沟槽时，必须会同有关部门采取加固措施，防止外电架空线路电杆倾斜、悬倒。

4.2　电气设备防护

4.2.1　电气设备现场周围不得存放易燃易爆物、污源和腐蚀介质，否则应予清除或做防护处置，其防护等级必须与环境条件相适应。

4.2.2　电气设备设置场所应能避免物体打击和机械损伤，否则应做防护处置。

9　电动建筑机械和手持式电动工具

9.1　一般规定

9.1.1　施工现场中电动建筑机械和手持式电动工具的选购、使用、检查和维修应遵守下列规定：

1　选购的电动建筑机械、手持式电动工具及其用电安全装置符合相应的国家现行有关强制性标准的规定，且具有产品合格证和使用说明书；

2　建立和执行专人专机负责制，并定期检查和维修保养；

3　接地符合本规范第5.1.1条和5.1.2条要求，运行时产生振动的设备的金属基座、外壳与 PE 线的连接点不少于2处；

4　漏电保护符合本规范第8.2.5条、第8.2.8~8.2.10条及8.2.12条和8.2.13条要求；

5　按使用说明书使用、检查、维修。

9.1.2　塔式起重机、外用电梯、滑升模板的金属操作平台及需要设置避雷装置的物料提升机，除应连接 PE 线外，还应做重复接地。设备的金属结构构件之间应保证电气连接。

9.1.3　手持式电动工具中的塑料外壳Ⅱ类工具和一般场所手持式电动工具中的Ⅲ类工具可不连接 PE 线。

9.1.4 电动建筑机械和手持式电动工具的负荷线应按其计算负荷选用无接头的橡皮护套铜芯软电缆，其性能应符合现行国家标准《额定电压450/750V及以下橡皮绝缘电缆》GB 5013 中第1部分（一般要求）和第4部分（软线和软电缆）的要求；其截面可按本规范附录C选配。

电缆芯线数应根据负荷及其控制电器的相数和线数确定：三相四线时，应选用五芯电缆；三相二线时，应选用四芯电缆；当三相用电设备中配置有单相用电器具时，应选用五芯电缆；单相二线时，应选用三芯电缆。电缆芯线应符合本规范第7.2.1条规定，其中PE线应采用绿/黄双色绝缘导线。

9.1.5 每一台电动建筑机械或手持式电动工具的开关箱内，除应装设过载、短路、漏电保护电器外，还应按本规范第8.2.5条要求装设隔离开关或具有可见分断点的断路器，以及按照本规范第8.2.6条要求装设控制装置。正、反向运转控制装置中的控制电器应采用接触器、继电器等自动控制电器，不得采用手动双向转换开关作为控制电器。电器规格可按本规范附录C选配。

4. 预防措施

（1）在建工程不得在外电架空线路正下方施工、搭设作业棚、建造生活设施或堆放构件、架具、材料及其他杂物等；

（2）在建工程（含脚手架）的周边与外电架空线路的边线距离应严格按 JGJ 46—2005 第7.3条要求执行；

（3）强化施工用电组织设计，避免起重机越过无防护设施的外电架空线路作业；

（4）加强施工现场管理和前期施工方案论证，避免出现开挖暴露电缆或其他线路；

（5）选购或使用电动建筑机械、手持式电动工具应严格按 JGJ 46—2005 第9.1.1条要求执行；

（6）塔式起重机、外用电梯、滑升模板的金属操作平台及需要设置避雷装置的物料提升机，除应连接 PE 线外，还应做重复接地。设备的金属结构构件之间应保证电气连接；

（7）电动建筑机械和手持式电动工具的负荷线应按其计算负荷选用无接头的橡皮护套铜芯软电缆，电缆芯线数应根据负荷及其控制电器的相数和线数确定。

5. 工程实例图片

图 10.6-1 室外临时变电设施应设围挡保护

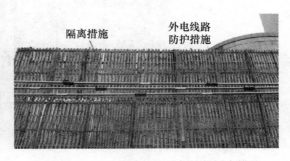

图 10.6-2 室外线路的围挡保护与隔离措施

竹笆封闭

顶层安全
网封闭

图 10.6-3　室外变压器的围挡保护措施

与高压线的安全防
护距离不够

架子稳
固性差，
易碰到
高压线

图 10.6-4　错误做法：室外高压线的围挡保护措施不足

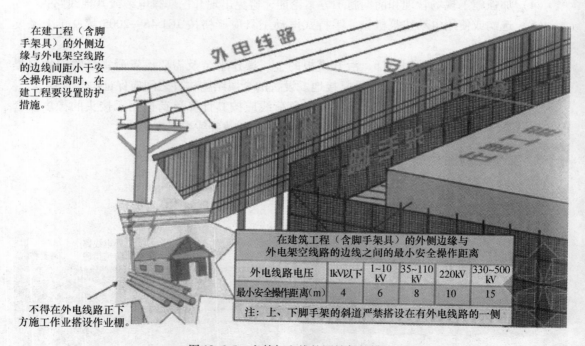

在建工程（含脚
手架具）的外侧边
缘与外电架空线路
的边线间距小于安
全操作距离时，在
建工程要设置防护
措施。

不得在外电线路正下
方施工作业搭设作业棚。

在建筑工程（含脚手架具）的外侧边缘与外电架空线路的边线之间的最小安全操作距离					
外电线路电压	1kV以下	1~10 kV	35~110 kV	220kV	330~500 kV
最小安全操作距离(m)	4	6	8	10	15
注：上、下脚手架的斜道严禁搭设在有外电线路的一侧					

图 10.6-5　室外架空线的围挡保护措施

178

图 10.6-7　室外配电箱围挡保护措施

图 10.6-8　错误做法：起重机越过无防护设施的外电架空线路作业

参考文献

［1］《建筑电气工程施工质量验收规范》GB 50303—2002，2012 年版.

［2］《建筑物防雷设计规范》GB 50057—2010.

［3］《施工现场临时用电安全技术规范》JGJ 46—2005.

［4］《智能建筑工程施工规范》GB 50606—2010.

［5］《自动化仪表工程施工质量验收规范》GB 50131—2007.

［6］《综合布线工程施工规范》GB 50312—2007.

［7］《火灾自动报警系统施工及验收规范》GB 50166—2007.

［8］《安全技术防范工程技术规范》GB 50348—2004.

［9］《民用闭路监视电视系统工程技术规范》GB 50198—2011.

［10］《民用建筑电气设计规范》JGJ 16—2008.

［11］《智能建筑工程质量验收规范》GB 50339—2003.

［12］《入侵报警系统工程设计规范》GB 50394—2007.

［13］《建筑照明设计标准》GB 50034—2013.

［14］《电气装置安装工程接地装置施工及验收规范》GB 50169—2006.

［15］《加工铜及铜合金化学成分和产品形状》GB/T 5231—2001.

［16］《火灾自动报警系统设计规范》GB 50116—2008.

［17］《低压成套开关设备的控制设备》GB 7251.3—2006.